15時間でわかる JavaScript 集中講座

宮下明弘／工藤雅人 著

技術評論社

ご注意
ご購入・ご利用の前に必ずお読みください

- 本書に記載された内容は、情報の提供のみを目的としています。したがって、本書を用いた運用は、必ずお客様自身の責任と判断によって行ってください。これらの情報の運用の結果について、技術評論社および著者はいかなる責任も負いません。
- 本書記載の情報は、2016年10月現在のものを記載していますので、ご利用時には、変更されている場合もあります。ソフトウェアに関する記述は、特に断りのない限り、2016年10月現在での最新バージョンを基にしています。ソフトウェアはバージョンアップされる場合があり、本書での説明とは機能内容や画面図などが異なってしまうこともあり得ます。本書ご購入の前に、必ずバージョン番号をご確認ください。
- 本書の内容および付属DVD-ROMに収録されている内容は、次の環境にて動作確認を行っています。

仮想環境外	
OS	Windows 10
VMWare	VMWare Workstation 12 Player (12.5.0)
仮想環境	
CentOS	CentOS Linux 7
Google Chrome	Google Chrome (54.0)
Atom	Atom (v1.11.2)
Node.js	Node.js (v6.9.1)

　上記以外の環境をお使いの場合、操作方法、画面図、プログラムの動作などが本書内の表記と異なる場合があります。あらかじめご了承ください。
　以上の注意事項をご承諾いただいた上で、本書をご利用ください。
- 本書のサポート情報は下記のサイトで公開しています。
http://gihyo.jp/book/2016/978-4-7741-8590-3/support

※Microsoft、Windowsは、米国Microsoft Corporationの米国およびその他の国における商標または登録商標です。
※その他、本文中に記載されている製品の名称は、すべて関係各社の商標または登録商標です。

はじめに

　本書は拙著「15時間ででわかるJava集中講座」同様に、ワークスアプリケーションズ社の研修コンテンツを元に構成しました。ですがかなりの部分を新たに書き起こすことになりました。

　書き起こすにあたって、JavaScriptの解説を行う基礎編ではプログラム初心者向けのコンテンツとなるよう、よくつまづくと言われる「代入（変数の使い方）」「プログラムの実行される順序」「繰り返し処理」「再帰処理」の解説を行っていくことを意識しました。同様に難関である「並列処理」については、さすがに難しくなりすぎるため実践編でPromiseの用法を説明するにとどめてあります。

　実際にアプリケーションを作り上げる実習を行う実践編では、ライブラリの利用を排し、JavaScriptでDOM操作を行いイベントを処理する方法について解説しています。JavaScript本来の機能のみを学習していくことができるでしょう。

　また、全体を通じてデータ構造やアルゴリズム、計算量といったプログラミングの基礎に触れていくことも意識しています。本書を通じてそういった、どのプログラミング言語を使う場合でも役に立つ基礎的な知識への興味も持ってもらえれば嬉しいです。

　一方で、前著に引き続き本書でもJavaScript開発者として身につけておいてもらいたいテストやデバッグの技法、アプリケーションのセキュリティについて解説を行っています。これは仕事としてプログラムを作る場合には確実に身につけていて欲しいことだからですが、慣れていないことをやるのは大変なので、初心者のうちからプログラムを書くスキルとテストを書くスキルを同じように伸ばして欲しいという思いでもあります。テストのスキルを伸ばさないでいると、テストを書くのを面倒に感じるようになってしまうからです。開発者としてプロフェッショナルを目指すのであれば、両方のスキルを伸ばすことを意識してください。

　また、開発環境が一式整った仮想環境も同梱していますので、是非とも、実際に自分の手を動かしながら学習を進めてください。

◆ **謝辞**

　本書の出版にあたり、本書のレビューをしてくれた次の方々に感謝します（敬称略）。ワークスアプリケーションズ社の井上誠一郎、石井辰実、内田大嗣、小山内一由、佐藤廣、津島雅俊、堤勇人、戸田健互、鳥居陽介、林辰弥、保坂信幸。

2016年10月末日　著者一同

目次

はじめに ———————————————————————— 3

0時間目 仮想環境の準備　14

0-1　仮想環境をインストールしよう ———————— 14
0-2　仮想環境の起動と終了方法 ———————————— 15
　0-2-1　仮想環境を起動する
　0-2-2　仮想環境を終了する
0-3　各種プログラムを起動しよう ———————————— 18

Part 1 基礎編　JavaScriptプログラミング

1時間目 JavaScriptとプログラム　20

1-1　イントロダクション ———————————————— 20
　1-1-1　コンピュータとプログラム
　1-1-2　JavaScript
1-2　初めてのプログラム ———————————————— 24
　1-2-1　Hello, world!
　1-2-2　いろいろな方法で Hello, World!

CONTENTS

| 1-3 | プログラムを書くときに気を付けてほしいこと | 30 |

- 1-3-1 コメント
- 1-3-2 コーディングルール
- 1-3-3 Strictモード

2時間目 データの保存と基礎的な計算　34

| 2-1 | 変数と式 | 34 |

- 2-1-1 変数
- 2-1-2 データの型

| 2-2 | 式と演算子 | 42 |

- 2-2-1 式
- 2-2-2 演算子
- 2-2-3 演算と型
- 2-2-4 演算子の優先順位

3時間目 プログラムが動く順番〜分岐と反復　56

| 3-1 | 逐次 | 56 |

| 3-2 | 分岐と反復 | 57 |

- 3-2-1 分岐
- 3-2-2 反復（繰り返し）

目次

4時間目 プログラム／データをまとめる方法　78

4-1　関数と配列　78

4-2　関数　79

- 4-2-1　引数
- 4-2-2　デフォルト引数
- 4-2-3　関数とスコープ
- 4-2-4　返り値

4-3　配列　95

- 4-3-1　配列の作り方
- 4-3-2　配列への値の追加と取得
- 4-3-3　関数と組み合わせて使う
- 4-3-4　便利な関数

5時間目 より高度なデータのまとまり／関数の使い方　102

5-1　連想配列と無名関数　102

- 5-1-1　データ設計
- 5-1-2　二次元配列
- 5-1-3　定数
- 5-1-4　連想配列
- 5-1-5　データ構造の見直し

5-2　関数をもっと活用する　111

- 5-2-1　関数型の変数
- 5-2-2　関数型の引数
- 5-2-3　関数式
- 5-2-4　無名関数

5-2-5　関数宣言と関数式
5-2-6　関数式と配列を組み合わせて使う

6時間目　プログラムを整理する　124

6-1　変わらないデータを活用する　124

6-1-1　定数を使う
6-1-2　不変のオブジェクトリテラルを使う
6-1-3　オブジェクトリテラルの一部を固定する

6-2　データ構造設計の初歩　128

6-3　関数を活用する　129

6-3-1　よい関数の目安
6-3-2　再帰を使ってシンプルにする
6-3-3　無名関数と再帰

6-4　スコープを活用する　134

6-4-1　関数とスコープ
6-4-2　関数の中の関数
6-4-3　クロージャ

6-5　名前空間を作る　140

6-5-1　JavaScriptの名前空間
6-5-2　名前空間のイディオム
6-5-3　名前空間とクロージャ
6-5-4　モジュール

目次

7時間目 データと関数をまとめる　150

7-1 オブジェクトと雛形 —— 150
- 7-1-1　データ構造と密接に結びつく関数
- 7-1-2　オブジェクトの雛形
- 7-1-3　prototype

7-2 組み込みオブジェクト —— 164
- 7-2-1　console
- 7-2-2　window

8時間目 HTMLとCSSの基礎　170

8-1 イントロダクション —— 170

8-2 画面の骨格を組み立てよう ～ HTML —— 171
- 8-2-1　HTMLとは
- 8-2-2　HTML要素
- 8-2-3　HTMLの構造
- 8-2-4　HTMLを組み立ててみよう

CONTENTS

8-3 画面に装飾を施してみよう ～ CSS —— **186**
- 8-3-1 CSSとは
- 8-3-2 CSSの構造
- 8-3-3 セレクタの指定方法
- 8-3-4 CSSで画面装飾を適用する

8-4 終わりに（9時間目以降へ進む）—— **202**

9時間目 クライアントサイドJavaScript（前編） — 204

9-1 画面に動きを付けてみよう ～ DOM操作 —— **204**
- 9-1-1 HTMLを動的に書き換える
- 9-1-2 DOMことはじめ
- 9-1-3 JavaScriptに動きを付けてみよう

9-2 イベントハンドリングとコールバック関数 —— **225**
- 9-2-1 イベントハンドリング
- 9-2-2 イベントの伝播モデル
- 9-2-3 残りの機能も実装しよう

10時間目 クライアントサイドJavaScript（後編） — 240

10-1 サーバとデータをやりとりしてみよう —— **240**
- 10-1-1 データを取り扱う～JSONフォーマット
- 10-1-2 非同期処理とPromiseパターン

目次

10-2 XMLHttpRequestを使ったデータ通信 — 250

- 10-2-1 XMLHttpRequestの使い方
- 10-2-2 Promiseを使ってXMLHttpRequestを操作する
- 10-2-3 RESTful Web APIとCRUD操作

10-3 Tiny Todo Listにデータ通信機能をつける — 254

- 10-3-1 データアクセスのプログラム
- 10-3-2 **9時間目**のプログラムを非同期通信処理に対応させる
- 10-3-3 サーバに接続する

11時間目 JavaScriptにおける例外処理 — 268

11-1 例外処理文 — 268

- 11-1-1 例外を発生させる
- 11-1-2 throw文
- 11-1-3 スタックトレース
- 11-1-4 try-catchで例外から立ち直る
- 11-1-5 try-finallyでコードの実行を保証する
- 11-1-6 try文を使って例外処理

11-2 非同期処理と例外処理 — 279

- 11-2-1 コールバック関数ベース
- 11-2-2 Promiseベース
- 11-2-3 イベントベース

12時間目 クライアントサイドのデバッグとテスト（前編） 290

12-1 開発者ツールを使ってみよう — 290

12-1-1 動的なデバッグ
12-1-2 ソフトウェアテストとは
12-1-3 ソフトウェアテストとバグの発見
12-1-4 自動化されたソフトウェアテストの重要性

12-2 テストケースの設計 — 298

12-2-1 網羅性（カバレッジ）

12-3 単体テストと結合テスト — 302

12-3-1 単体テスト
12-3-2 結合テスト
12-3-3 単体テストと結合テストの境界線

12-4 ホワイトボックステストとブラックボックステスト — 305

12-4-1 テストの網羅性を高める理由
12-4-2 同値分割
12-4-3 境界値分析
12-4-4 隠れた同値・境界値

13時間目 クライアントサイドのデバッグとテスト（後編） 312

13-1 テストフレームワーク — 312

13-1-1 Jasmineとは
13-1-2 Seleniumとは

目次

13-2 テストケースを作ってみよう — 313
- 13-2-1 ひな形を用意する
- 13-2-2 実際のテストケースを作成する
- 13-2-3 複数のテストケースを設定してみる

13-3 テストスイートを作ってみよう — 325
- 13-3-1 実際にテストスイートを作成する

14時間目 jQueryとJavaScript MVC — 334

14-1 クロスブラウザ対応問題 — 334

14-2 jQuery — 335
- 14-2-1 jQueryとは
- 14-2-2 jQueryでアプリケーションを書きなおしてみよう
- 14-2-3 $関数とDOM操作
- 14-2-4 イベントハンドラの登録をjQueryに置き換える

14-3 大規模アプリケーション開発とプログラムの分割 — 354
- 14-3-1 HTTP操作とDOM操作のビジネスロジックからの分離
- 14-3-2 コンポーネント指向の大規模化
- 14-3-3 代表的なコンポーネント指向のライブラリ・フレームワーク
- 14-3-4 JavaScript MVC
- 14-3-5 代表的なJavaScript MVCフレームワーク
- 14-3-6 仮想DOMベースのViewライブラリ
- 14-3-7 代表的な仮想 DOM ライブラリ

CONTENTS

15時間目 Webアプリケーションのセキュリティ — 362

15-1 Webアプリケーションのセキュリティを考える — 362

15-2 クロスサイト・スクリプティング（XSS） — 363
- 15-2-1 XSSとは
- 15-2-2 XSSを引き起こしやすいプログラム

15-3 クロスサイト・リクエスト・フォージェリ（CSRF） — 369
- 15-3-1 CSRFとは
- 15-3-2 CSRFトークンでの認証

索引 — 377
あとがき — 383
著者略歴 — 383

0時間目 仮想環境の準備

本書はJavaScriptについて学習していきます。まずはそのための仮想環境を準備しましょう。付属のDVD-ROMには学習用の仮想環境が用意されています。インストールして学習を開始しましょう。

今回のゴール
- 仮想環境を準備し、起動と終了ができるようにする
- 各種プログラムの役割と起動方法を理解する

》 0-1 仮想環境をインストールしよう

　本書の仮想環境にはVMware Workstation Playerを用います。次のサイトに移動しましょう。

http://www.vmware.com/jp.html

　ダウンロードからWorkstation Playerを選択し（**図0.1**）、使っているOSに対応したダウンロードボタンをクリックします。
　本書はWindows環境を想定しています。Windows用のボタンを選択しましょう。

仮想環境の準備

図0.1 Workstation Playerをダウンロードする

ダウンロードしたインストーラをダブルクリックして実行するとインストールが始まります。表示に従って操作すればVMware Workstation Playerがインストールされます。

0-2 仮想環境の起動と終了方法

VMware Workstation Playerをインストールしたらいよいよ仮想環境を起動します。本書の仮想環境はCentOS 7 64 bit版をベースに作成しています。

難しい設定は前もって済ませているので、以下の手順で行います。

0-2-1 ●仮想環境を起動する

まずは仮想環境を準備します。本書付属のDVD-ROMに入っている「Kasou.zip」を解凍しましょう。できあがった「Kasou」フォルダをデスクトップにコピーしておいてください。

VMware Workstation Playerを起動すると、**図0.2**のような画面が出てきます。

最初に「仮想マシンを開く」を選択し、先ほどコピーした「Kasou」フォルダから「15js.vmx」をダブルクリックしてください。すると、「ホーム」の下に「15js」が追加されます。

図0.2 VMware Workstation Playerの起動画面

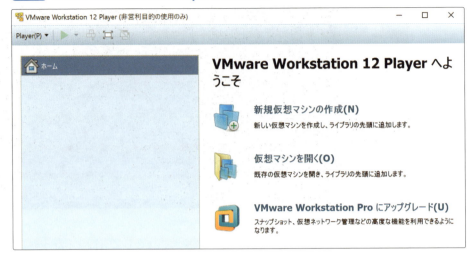

次に、「15js」を選択して、「仮想マシンの実行」をクリックします。そうすると、仮想環境が起動します。

なお、初回起動時に、「この仮想マシンは移動またはコピーされた可能性があります」というダイアログボックスが表示されます。これには、「コピーしました」を選択してください。

ログイン画面が表示されたら（**図0.3**）、ユーザが「guest」になっていることを確認したうえで、「パスワード」に「guest」を入力し、「サインイン」します。

図0.3 ログイン画面

正常にログインできると、デスクトップ画面が表示されます（**図0.4**）。

仮想環境の準備

図0.4 デスクトップ画面

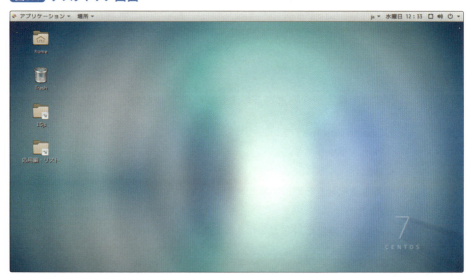

0-2-2 ● 仮想環境を終了する

　仮想環境を終了するには、デスクトップ画面のメニューの右上の電源ボタンアイコンから行います（**図0.5**）。
　表示されたダイアログから「電源オフ」を選択すると仮想環境が終了します。

図0.5 仮想環境の終了

0-3 各種プログラムを起動しよう

本書で利用するプログラムはデスクトップ左上の「アプリケーション」―「お気に入り」から起動できます。

アイコンは上から順に以下のようになっています。

- **Google Chrome**
  Webブラウザです
- **端末**
  各種コマンドを実行するためのプログラムです。
- **Atom**
  プログラムの編集などを行えるテキストエディタです

Column 注意点

本書の仮想環境は、サーバなどを作成するためにも利用されるCentOSを用いて作られています。

しかしこの仮想環境は、JavaScriptの学習目的に作成したものであり、インターネット公開を想定していません。そのままの設定でインターネットに公開しないでください。

Column 付属DVD-ROMの内容

本書付属DVD-ROMの内容は以下のとおりです。

- 学習環境 ― **Kasou.zip**
  本書で利用する仮想環境が入っています。
  仮想環境の中には、これからの学習で用いるworkspaceや各種ソフトがあらかじめ用意されています
- 実践編・リスト ― **samp.zip**
  Part2各時間のリスト入力内容が入っています。
  同じ内容は仮想環境内にも収録されています
  - 8hr
  - 15hr
- 解答と解説 ― **Kaitou.pdf**
  Part1、Part2各時間の確認テストの
  解答・補足が入っています

Part 1
基礎編

JavaScript プログラミング

- **1時間目** JavaScript とプログラム ……… 20
- **2時間目** データの保存と基礎的な計算 ……… 34
- **3時間目** プログラムが動く順番〜分岐と反復 ……… 56
- **4時間目** プログラム／データをまとめる方法 ……… 78
- **5時間目** より高度なデータのまとまり／関数の使い方 ……… 102
- **6時間目** プログラムを整理する ……… 124
- **7時間目** データと関数をまとめる ……… 150

1時間目 JavaScriptとプログラム

この時間では、これから学習していくJavaScriptがどういうものであるのかを学びます。また、プログラミングの考え方の基本や、どういう風に書いたらいいのかの基礎を学びます。最後に、いくつかのプログラムを書いて動かしてみて、JavaScriptでどういうことができるようになるのか体験します。

今回のゴール

- プログラミングの基本を学ぶ
- JavaScriptの特徴を学ぶ
- 実際に自分でJavaScriptプログラムを書いて動かしてみる

≫ 1-1 イントロダクション

1-1-1 コンピュータとプログラム

　みなさんが普段使っているパソコンや携帯電話、スマートフォンにはたくさんの便利な機能がありますね。これらの機能は**プログラム**で実現されています。

　たくさんの機能を考えるとプログラムはとても複雑なものと思えるかもしれません。実際、たくさんの機能を持ったプログラムは巨大になりますが、シンプルな原理をものすごくたくさん組み合わせて作っているだけで、プログラムの基本は単純で、計算したり、記録したりする処理でできています。

　これはちょうど人間の筋肉が縮むことしかできないのにその組み合わせで複雑な動きを実現しているのと似ています。プログラムはサッカーでボールを蹴る時の動きをいつ、どの筋肉がどれだけ縮むかだけで表現するようなものだと考えてみてください。大変そうですか？　でも覚えることは少なそうですよね。さらに、実際には「蹴る」や「走る」のように、筋肉の縮み方のパターンをまとめて扱えるようになっていたり、

その動きを別の人がまとめて提供してくれているのを使えたりするので、ぐっと簡単になっています。

◆プログラムを作ることとは

プログラムを作ることを**プログラミング**といいます。プログラミングで重要なのは**アルゴリズム**と**データ構造**といわれます。

アルゴリズムを簡単に説明すると、プログラミング言語には「蹴る」や「走る」のように、たくさんの組み合わせて使える部品があるので、それをどういう順番で組み合わせればうまく動くのかを考えること、と言えます。

例えばスマートフォンアプリのアプリ内で使える壁紙やスタンプなどの追加コンテンツを使えるようにするには、

- データを表示したい
- データが無いと表示できない
- ダウンロードしないといけない

ですから、プログラムの順番は、

- データをダウンロードする
- データを表示する

としないといけませんね。

この順番を間違えることはないと思いますが、これはすごく簡単な例です。プログラムでは作るものがどんどん複雑になっていくので、この**順番を考える**ことを丁寧にやっていかないといずれうまく動かなくなってしまいます。複雑になってから考えるのは大変なので、簡単なうちから順番を意識しましょう。

データ構造を簡単に説明すると、プログラムのそれぞれの処理で、「どういうデータを使うのか考え、使うものを集めてまとめてあげること」と言えます。

先ほどの例で、壁紙に名前が付いている場合を考えましょう。画像に付けている名前ですから、画像と名前を一緒にしてまとめておけば便利そうですね。

では、ダウンロード前にダウンロードできる壁紙一覧を表示する時にはどうしましょうか？ 大きな画像データが必ず一緒にダウンロードされてしまうのでは、通信量も多く、制限にひっかかりやすくなってしまいそうですね。ですから、。

- 名前と画像はまとめておく
- 名前の一覧もまとめておく

このようにデータを整理しておけばうまくいきそうですね。

これまた簡単な例を使って説明しましたが、よいデータ構造はプログラムを簡単にしたり、プログラムを使う人にとってより便利であったりします。

データ構造が少しおかしくてもプログラムは作れます。通信量は多いかもしれませんが、画像と名前が全部あれば、そこから名前の一覧を作ることはできそうですよね？

でも、名前だけの一覧が別にあったほうがプログラムは簡単になるでしょうし、通信量も少なくなって使う人もより嬉しいでしょう。

作るものがどんどん複雑になっていくと、データをどうまとめるのがいいのかも難しくなっていきます。こちらも作りたいものに合わせて丁寧に整理してあげましょう。

このようにプログラミングにはおおきく2つ、どういう時にどういう順番で処理を行うのかといった流れを考えてプログラミング言語で実現する作業と、そのプログラミング言語にできることとプログラムで実現したいことを考えながら、どういう情報の持ち方をすればいいのかを考える作業があります。

◆ プログラミング言語

順番が大事というお話をしましたが、プログラムはコンピュータにやってもらいたいことの指示書、レシピのようなものです。この指示書はコンピュータにわかる言葉で書かなければいけません。この時に使う言葉を**プログラミング言語**と呼びます。

プログラミング言語はコンピュータの言葉なので、慣れないうちは奇妙に感じるかもしれませんが、文法がきちんと決まっていて、あいまいな表現が許されない言語です。そのため、人間の言葉よりも意味が正確にわかるものになります。ですから慣れてしまえばそれほど難しいものではありません。

また、文法がきちんと決まっているので、間違ったことを書くとどこが間違っているのかをチェックして教えてくれる機能もあります。人間の先生と違ってコンピュータはいくら間違っても怒ったりしないので、どれだけ間違えても大丈夫です。ですから積極的に、たくさん会話して、たくさん間違いを指摘してもらいながら上手になっていきましょう。

プログラミング言語では順番を指示するほかに、プログラムのある部分を行う場合を指定することもできます。また、データ構造を作ったり、作ったデータ構造を使ってデータを記録しておいてもらったりできるようになっています。さらに、「蹴る」や「走る」のようなまとまりを自作、例えば「ジグザグに走る」のような処理のまとまりを作って、自分のプログラムの中で使うようなこともできるようになっています。

コンピュータを自分の目的のために動かす、使っていくイメージがわいてきましたか？

1-1-2 ◉ JavaScript

世の中にはたくさんのプログラミング言語があります。JavaScriptもそのうちの一つです。

◆ JavaScriptとブラウザ

たくさんのプログラミング言語は、それぞれに目的をもって作られているので、得意、不得意やできる、できないなどの特徴があります。

JavaScriptにも様々な特徴がありますが、もっとも他とことなる特徴は「ブラウザ上で動かすことができる」ということでしょう。

ブラウザとは何でしょう？　ブラウザはアプリケーションのジャンル、**TODO管理**や**パズルゲーム**と同じ「Webページを表示するアプリケーション」の「種類の名前」です。

パソコン上で動くブラウザ、つまりWebページを表示するアプリケーションには、SafariやChrome、FirefoxやEdgeといったアプリケーションがあります。

今ではブラウザの外（パソコンの上）、ブラウザ以外のアプリケーションの中で動作することもできるようになったJavaScriptですが、元々はWebページにアニメーションなどの動きを付けるために開発されたプログラミング言語です。ブラウザはいわばJavaScriptの生まれ故郷、いまでもWebページの操作やWebページへの移動など、ブラウザ上で様々な機能を実現するプログラムをもっとも得意としています。

◆ JavaScriptとECMAScript

JavaScriptについて調べていると**ECMAScript**という名前が出てくることがあると思います。

JavaScriptは元々Netscape Navigatorというブラウザのために作られたプログラミング言語でしたが、Internet Explorerが対抗して同じようなプログラミング言語を作って競い合うようになりました。

両者はそれぞれがより便利になるように考えて機能を追加していったのですが、ブラウザというインターネットのページを見るためのものにバラバラに機能を追加していった結果、機能が微妙に異なるようになり、同じページであってももう片方のブラウザでは期待していたのと異なる表示になってしまうという問題が徐々に大きくなっていきました。

これにはインターネットのページを作る人たちが困り果てました。そこで、ネットワークの共通の規格（決まりごと）をまとめる国際的な団体、**Ecma International**が仲立ちに入り共通部分の規格を策定することになりました。こうして取りまとめられ

たプログラミング言語をECMAScriptと呼びます。

ECMAScriptは拡張が続けられているため、バージョン番号をつけてECMAScript 5、ES5のように表されることがあります。2015年に規格となったECMAScriptからバージョン番号の代わりに規格となった年が含まれることになり、ECMAScript 2015となりました。ECMAScript 2015は規格の検討中はECMAScript 6、ES6と呼ばれていたため、両者は同じものを表します。

ECMAScriptとJavaScriptとの違いも無くはないのですが、その違いを気にしなければならないようなことはまずなく、ECMAScriptと書かれているものをJavaScriptと読み替えて読んでもまず大丈夫です。ですから本書でも両者を同じものとして扱い、JavaScriptと表現していきます。

◆ JavaScriptとJava

JavaScriptと似た名前のプログラミング言語にJavaというプログラミング言語がありますが、これは別のプログラミング言語です。名前が似ているためたいへんよく間違われますが、

- プログラムの文法（書き方）が違います
- プログラムを動かす方法が違います

と、プログラムを作るうえではまったくの別のものとなるため気をつけてください。

1-2 初めてのプログラム

さあ、プログラミングをはじめましょう！

1-2-1 ● Hello, world!

プログラミングの入門書では伝統的にそのプログラミング言語を使って「Hello, world!」という文章を表示するのを最初の課題としています。

そこで本書でも、まずは「Hello, world!」を表示するプログラムを作るところからはじめたいと思います。

◆プログラミング環境

　大きなプログラムを作るには専用のアプリケーションを使いますが、まずはいつも使っているブラウザを使ってプログラミングを学習してもらいます。みなさんがいつも使っているブラウザ、Google ChromeやFirefoxやSafari、Edgeには実はプログラムをする人のための機能もあるのです。JavaScriptのプログラミングや動作の確認などで今後もよく使っていくことになるので、まずはこの機能に慣れましょう。

　ブラウザにはいろいろな種類がありますが、この本ではGoogle Chrome（以下、Chromeと略します）を使っていきます。同梱している環境では左上メニューの「アプリケーション」の「お気に入り」の先頭にあります。

　プログラムのための機能は右上のメニュー（≡）から「その他のツール」にある「デベロッパーツール」を選ぶことで表示されます（図1.1）。

図1.1　デベロッパーツール

　「Elements」、「Console」、「Sources」、「Network」など、たくさんのツールがありますが、今から使うのは左から2番目にある「Console」というツールです。タブをクリックして表示を切りかえてください。

　選択されているツールは文字列の下に青いラインが表示されます（図1.2）。

図1.2 Console

この広くて白い部分がConsoleです。

なお、**デベロッパーツール**はキーボードの上段 F12 キーを押しても表示されます。Fで始まるこの上のほうに並んでいるキーは**ファンクションキー**とよばれます。ノートパソコンなどでそれぞれのキーの右下のほうに小さく印字されている場合、fn キーと同時に押さないと機能しないかもしれません。今後、よく使うことになるので使っているパソコンのマニュアルを調べて F12 キーを使った起動ができるようになっておきましょう。

◆ **Consoleに表示する**

Consoleに「>」という記号が表示されていると思いますが、そこにカーソルを合わせてクリックするとプログラムを入力できるようになります（**図1.3**）。

図1.3 プログラムを入力する場所

それでは**リスト1.1**の文章を入力してみてください。

リスト1.1 はじめてのプログラム

```
console.log('Hello, world!');
```

短いですが、これが動作するJavaScriptのプログラムです。

あなたの入力したプログラムの下に「Hello, world!」と表示されたら成功です。続けてundefinedというメッセージも表示されますが、これが何であるかは後で解説をするので今は気にしないでください。

```
> console.log('Hello, world!');
Hello, world!
< undefined
```

このように動かない場合、以下の点に注意してプログラムを見直してみてください。

- プログラムは見た目が大き目のアルファベット（全角文字と呼ばれます）が入力される日本語入力モードで入力するとうまく動きません。英語入力モードで入力しましょう。
- プログラムでは大文字小文字が厳密に区別されます。今回のプログラムではHelloのH以外は全部小文字ですから間違えずに入力しましょう。
- 「.」や「;」、「(」などの記号も大事なプログラムの一部です。忘れずに入力しましょう。
- consoleの後ろの「.」（ピリオド）は「,」（カンマ）ではありません。
- logの後ろの「(」と対応する「)」もプログラムの一部です。全角文字ではなく半角文字できちんと入力してください。
- 最後の「;」（セミコロン）は「:」（コロン）ではありません。
- undefinedの前の「<」は正確には「⟨」という記号ですが「<」で代用しています。

1-2-2 ◉ いろいろな方法で Hello, World!

次にConsoleの外に影響するプログラムを作ってみましょう。

◆ ポップアップで表示する

まずはもうちょっと動きのあるプログラムにしてみましょう。ブラウザを使っているとたまにポップアップしてくる表示があると思います（ダイアログと呼ばれています）が、そこに「Hello, world!」と表示してみましょう。

Console上に以下のプログラムを入力してみてください。

```
window.alert('Hello, world!');
```

ポップアップが表示されましたか（**図1.4**）？

図1.4 表示されるダイアログ

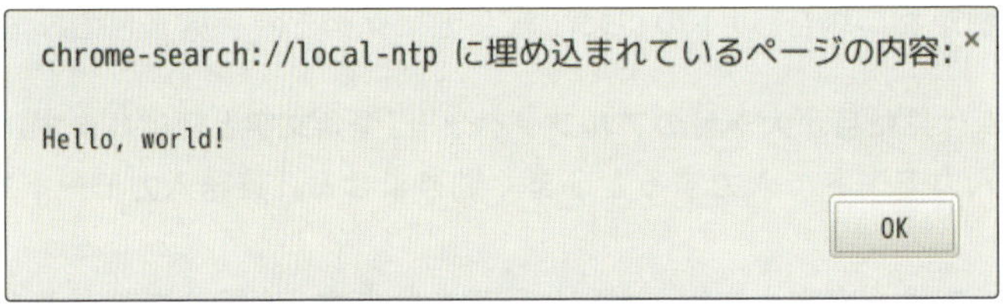

```
chrome-search://local-ntp に埋め込まれているページの内容: ×

Hello, world!

                                          OK
```

◆ ブラウザの表示を変える

最後にブラウザの表示を変えてみます。JavaScriptはブラウザ上で動いていますが、ブラウザに何を表示するかもプログラムで操作できます。

```
document.write('Hello, world!');
```

ブラウザの表示が「Hello, world!」に変わりましたね。
JavaScriptはもともとWebページに変化をつけるために作られたプログラミング言語ですから、ブラウザの表示を操作するさまざまな機能を持っています。この本ではそういった機能についても学んでいきます。楽しみにしていてくださいね。

◆ 複数の行にまたがるプログラム

　普通にプログラムを作る場合、複数行のプログラムを入力するために特別な操作は必要なく、ここまでの説明で問題なく作成できるのですが、この本ではしばらくChromeのコンソールを使っていくためちょっと困ったことがあります。コンソールで単純に Enter キーを押して改行すると、そこまでに入力したプログラムのみが実行されてしまう、という問題です。

　Enter キーが**実行**の合図となっているからですが、そのためにコンソールに複数の行にまたがるプログラムを入力するときはちょっと特別な操作をしなければいけません。覚えておいてください。

　次の行にも続けてプログラムを入力する場合、 Shift キーを押しながら改行してください。

```
> /*
  * これは複数の行にまたがるコメントです
  */
  console.log('Hello, world!');
Hello, world!
< undefined
```

　コンソールに入力するプログラムの表示は行頭の「>」の有無でわかるようにしておきます。console.logを使った場合は行頭が詰まっている行がconsole.logが表示している行で、「<」はあなたの入力に対するChromeの返信です。自分のコンソールの表示とプログラムが一致するように気をつけながら入力してください。

　なお、本書のほとんどのプログラムは Shift キーを押し忘れて改行してもエラーになるだけで、そのまま入力をやり直せば動作するように調整してあります。ですからうっかり Shift キーを押し忘れて改行しても大丈夫です。ただ、一部、事前に何らかの操作を行って欲しいということが書かれているプログラムについては、その操作からやり直すように注意してください。

1時間目 JavaScriptとプログラム

>> 1-3 プログラムを書くときに気を付けてほしいこと

はじめてのプログラムはどうでしたか？　今まで、だれかが作った決まりどおりにしか動かすことができなかったコンピュータが、あなたの思ったとおりに動くようになっていく、ワクワクしますね。

この時間の残りではちょっと**決まりごと**の話をします。それはプログラムをわかりやすく書かなければならない、という決まりごとです。

1-3-1 ● コメント

プログラムには、実際に実行される部分に加え、人間がプログラムを読むときのヒントにするための文章を入れることができます。これを**コメント**と呼びます。コメントはプログラミング言語ごとに書き方が決められていて、JavaScriptにはブロックコメントと1行コメントの2種類のコメントの書き方があります。

コメントを上手に使うことで、どうしてこのようなプログラムにしたのか、のようにプログラムを見ただけではわからない情報を、ほかの人や将来の自分に伝えることができます。

◆1行コメント

プログラムにちょっとしたコメントを追加する場合には1行コメントを使います。プログラムに「**//**」と記述すると、そこから行末までがコメントとして扱われます。

```
window.alert('Hello, world!'); // Chromeのポップアップはダイアログっぽくない
```

◆ブロックコメント

「**/***」と「***/**」とに挟まれた部分をブロックコメントにできます。改行をまたいで複数行にわたるコメントを書くこともできます。

なお、複数行にまたがるコメントの場合、サンプルのプログラムのように行頭に「*****」を置きます。この「*****」が無くてもその行はブロックコメントになるのですが、あることでその行もコメントの続きであることがすぐにわかるため、置いたほうがよいでしょう。

```
/*
 * これは初心者向けに難しい説明を省略して、JavaScriptからブラウザを操作できる
 * ことを示したサンプルのプログラムです。
 * 実際のプログラムではきちんとDOM操作をしましょう。
 */
document.body.innerHTML = 'Hello, World!';
```

さっそく複数行にまたがるプログラムを入力することになりました。次の行もプログラムが続く場合には Shift キーを押しながら改行しなければいけないのでしたね？きちんと入力できたでしょうか？

このブロックコメントを入れ子にすることはできません。どういうことかというと以下のようにコメントの中にコメントを書いてもうまく動かないということです。

```
/* コメント /* コメントのコメント */ コメント */
```

このように書くと、「**/* コメント /* コメントのコメント */**」がブロックコメントとして認識され、コメントの外側のプログラムとして「コメント */」が実行されてエラーになってしまいます（**図1.5**）。

図1.5 コメントの入れ子

少し見えづらいかもしれませんが、Consoleに入力して実行させたプログラム中にあるコメントは緑色になります。「**/* コメント /* コメントのコメント */**」までが緑色に変わり、**コメント ***が黒字のまま、最後の**/**だけ赤く変わっているのを確認してください。

1-3-2 ◉ コーディングルール

プログラムの、特に実行できない状態の文章として読めるものを**コード**や**ソースコード**と呼ぶことがあります。**コーディングルール**とは、プログラムを書くときのルールです。

プログラムでは空白の多少は無視される場合があります。例えば、

```
console . log('Hello, world!' )   ;
```

というプログラムは、

```
console.log('Hello, world!');
```

と同じものとして動作します。ですが、最初の書き方は人間にとって見やすいものではありませんね？

コンピュータにとって同じものであるならば、人間にとって扱いが楽なプログラムのほうがよりいいですよね？

もしも、自分ひとりだけでプログラムを作っていくのだとしても、後で自分が読んだときにすぐにわかるように自分なりのルールを作って統一していきましょう。明日のあなたはまだ作ったプログラムの全体を覚えているでしょう。1週間後でも大丈夫かもしれません。ですが、プログラムというのは一度作ると思っていたよりも長く使われることがよくあります。1ヶ月後、1年後、あなたは自分が作ったプログラムの全部を覚えていられないでしょう。時が経ってから修正する必要が出てきた。そうなった時、今日、読みやすいプログラムを書いておいたことがきっとあなたをたすけることでしょう。

大勢の開発者が参加するプロジェクトでは、誰が書いたプログラムであっても読みやすくなるように、このようなことを取り決めたコーディングルールがあるのが普通

です。他の人が書いたプログラムはとにかく読んでみるしかありません。AさんとBさんがそれぞれ全く異なるルールでプログラムを書いていた場合、両方を読まなければいけなくなると大変ですよね。このため、全体を同じルールで統一することが大事なのです。

コーディングルールでは以下のルールを決めておくのが一般的です。

- キーワードの名前の付け方
- どういう時に空白（スペース）をどのくらい入力するのか
- インデント（命令文の前の空白）の幅と種類

コーディングルールがある場合、ルールを守ってプログラミングするようにしましょう。

1-3-3 ● Strictモード

JavaScriptにはStrictモードと呼ばれるより厳格にプログラムをチェックしてくれる機能があります。

プログラムの最初に「"use strict";」と書くだけでStrictモードになります。

```
"use strict";
```

Strictモードではいくつかの間違いやすい問題をプログラムを動かす前にエラーとして検出してくれるようになるので、できるだけ使ってください。

ただ、JavaScript全体がStrictモードになってしまうと、他の人が書いたStrictモードに対応できていないプログラムが動かなくなってしまうことがあります。そういう場合にはStrictモードを使わない、最初に書いた「"use strict";」の行を削除して動かしてください。

確認テスト

Q1 リスト1.1を書き変えて「Hello, JavaScript」と表示してみましょう。

Q2 リスト1.1を書き変えて「こんにちは」と表示してみましょう。

2時間目 データの保存と基礎的な計算

この時間では、JavaScriptに一時的にデータを保存しておくために使う変数について学びます。最初に、変数とはどういうものなのか、どのようなデータを扱うことができるのかを学んだあと、基礎的な計算をプログラムで行うことで、プログラム中でどうやってデータを保存、利用していくのか体験します。

今回のゴール

- データを一時的に保存するために変数を学ぶ
- JavaScriptではどういうデータが扱えるのか学ぶ
- 基本的な計算をプログラムで行う方法を学ぶ

2-1 変数と式

2-1-1 ●変数

1時間目でプログラミングの概要としてアルゴリズムとデータ構造について少しお話ししました。また、プログラムの第一歩として、console.logなどいくつかのプログラムを書いて動かしてもみました。

ここでは、、データ構造をどう扱うのか？ つまり、どうやってデータを保存しておくのかを説明します。そのために必要なのが**変数**です。

変数とはプログラム中で一時保存しておいたデータを入れておくためのものです。まずは簡単な変数の使い方を学びましょう。

◆ 変数の宣言

プログラム中で扱うデータにはそれぞれ別の変数を用意してあげることができます。変数を用意してあげることを**変数の宣言**と呼びます。

変数の宣言では、どの変数がどの目的のためのものだかわかるように、それぞれにプログラム上で使う名前を付けてあげます。

書式

```
var [変数名];
```

変数名には for や if など、今後プログラムで使っていく、いくつかのキーワードをつけることができません。これら JavaScript 自身が使うために変数として使えないようにしているキーワードを **予約語** と呼びます。

また、変数名には一般的には以下のルールに従って名前をつけます。

- 半角英数字とアルファベットで名前をつける
- 数字からはじめない
- 記号は特別な変数にのみ _（アンダースコア）と $ を使う

なお、変数名の大文字と小文字は区別されるので注意しましょう。一般的な JavaScript プログラムでは変数名は小文字、もしも複数の単語をつないで1つの名前にする時には、つないだ単語の先頭を大文字にする camelCase というルールに従って付けられます。この本でもそのルールに従って名前を付けています。

変数は ECMAScript 2015 から let を使って宣言することもできるようになりました。

書式

```
let [変数名];
```

var と let では同じ変数名の変数を2回以上宣言するとエラーになることがあるなどの違いがあります。この違いは後で「**変数のスコープ**」で詳しく説明するので、今はどちらも変数を用意する命令だと覚えておいてください。

実際にコンソールから入力してみましょう。

```
> var someValue;
< undefined
> var someValue;  // OK
< undefined
> let letValue;
< undefined
> let letValue;  // NG
< Uncaught TypeError: Identifier 'letValue' has already been declared
```

変数を用意しただけですから、何も変わっていないように見えます。

◆ 変数への代入

今度は実際に変数にデータを入れてみましょう。データを入れるには**代入演算子**というものを使います。ちょっとものものしい名前ですが**=**記号のことです。

```
> var someValue;
< undefined
> someValue;
< undefined
> someValue = 1;
< 1
```

数学では「=」記号は左辺と右辺が等しいことを表す記号でしたが、JavaScriptでは左側に書いた変数に右側の値を入れる命令になります。
また、変数に値を入れることを**代入する**といいますが、これも数学とはちょっと用法が違うので気をつけてください。

◆ 変数の宣言と代入

変数の宣言と代入を同時に行う書き方もあります。

書式

```
var [変数名] = [初期値];
```

実際に書いてみましょう。

```
> var someValue = 3;
< undefined
> someValue;
< 3
> someValue = 5;
< 5
> someValue;
< 5
```

「someValue = 1;」と代入を行った時に **1** が表示されたのと同じように、**3** が表示されるのではなく **undefined** と表示されますね。これは **var** が付いているのは、あくまで変数の**宣言**が目的で、**代入**はついでなので、宣言の時と同じように表示されているのです。

◆ 未定義の変数

定義した変数はプログラム中で使うことができます。先ほど定義した変数 someValue にデータ 5 が入っていることを確認してみましょう。

```
> someValue;
< 5
```

定義していない変数は使えません。こちらも確認してみましょう。

```
> newName;
Uncaught ReferenceError: newName is not defined
```

◆ 一時的な保存

変数は一時的にデータを保存しておくためのものであるというお話しをしました。一時的とはどれくらいの間でしょう？

JavaScriptの変数はプログラムが動いている間、データを保存しておくことができます。ですが、プログラムがブラウザ上で動くため、ページの再表示などを行うとプログラムが終了してしまい、変数がなくなってしまいます。

確認のためにここで一度、ページのリロードをしてみましょう。リロードには F5 キーが使えます。そして F5 キーを押してページのリロードをするだけでこれまで入力したプログラムはなかったことになります。同時に変数も消えてしまいます。

実際にリロードをしてみて変数がなくなっていることを確認しましょう。

```
> someValue;
Uncaught ReferenceError: someValue is not defined
```

◆変数のスコープ

それぞれの変数は使える範囲が限られています。変数にデータを代入したり、その変数をプログラム中で使ったりすることのできる範囲を**スコープ**といいます。まだ変数のスコープを狭める方法を説明していないのでいまのところの変数のスコープはプログラムの最初から最後までです。

ただし、プログラムを実行するときに、変数の宣言がきちんと行われている必要があるので、変数を使うプログラムの後から宣言を行う場合には、きちんと Shift キーを押しながら Enter キーを押して改行を入力し、宣言まで行ったうえで実行する必要があります。

```
> someValue;
  var someValue;
< undefined
```

このように動作はしますが、ちょっと間違えるとエラーになるし、わかりにくいですね。変数は宣言してから使うようにしましょう。

なお、Strictモードでない場合に、変数の宣言を省略していきなり代入すると、プログラムのどこからでも参照できるものになります（これは他のプログラミング言語における**グローバル変数**と同様のものです）。

グローバル変数になってしまうと、プログラムのどこでもその変数を使うことができる代わりに、どこでも値を変更できるようになってしまうため、いったいなぜその

値になったのかを把握するのが大変になります。ですから、できるだけ使用しないようにする必要があります。

また、変数を使える範囲**スコープ**を制限するのは大きなプログラムを作る上では必須のテクニックです。まずはスコープというものがあるということ、JavaScriptではvarを付けた変数宣言を忘れるだけでグローバル変数となってしまいスコープの制限から外れるので気をつけなければいけないことを覚えておいてください。

Strictモードを使っているとこのような書き方をするとエラーになるので安全です。積極的にStrictモードを使っていきましょう。

Column プロパティとグローバル変数

他のプログラム言語でグローバル変数になじみのある方は、これをグローバル変数と考えてプログラムして問題ありません。

ですが、より厳密な話をすると、これはプログラム全体を表すオブジェクトのプロパティになります。

オブジェクトが何であるのかは **7時間目** に説明しますが、プロパティであるためプロパティを削除するdelete命令を使って削除できてしまいます。

```
> var someValue = 3;    ← 変数 someValueを宣言して3を代入
< 3
> newValue = 5;         ← プロパティ newValueを追加して5を代入
< 5
> newValue;             ← プロパティ newValueの値を取得
< 5
> delete newValue;      ← プロパティ newValueを削除
< true;
> delete someValue;     ← プロパティ someValueは存在しない
< false;                  変数なのでdeleteできない
> newValue;
< undefined
> someValue;
< 3
```

2-1-2●データの型

　パソコン上にワードファイルやエクセルファイルがあって、それぞれのプログラムと紐付いてデータを保存しているように、プログラムの世界ではコンピュータに上手にデータを保存したり、取り出したりするためにデータを「型」という種類に分けて整理します。

　JavaScriptの変数はどの型のデータであっても保存しておくことができますが、数値のデータと数値のデータであれば正しく掛け算できるのに、文字列のデータと数値のデータだと掛け算できない、など、実際に保存されているデータの型に応じた制限を受けることになります。それぞれの変数についてどの型を保存するか決めて使っていくようにしましょう。

　JavaScriptが扱えるデータの型は全部で6つありますが、まずはわかりやすい3つを覚えましょう。

◆数値型

　数値を表すデータです。JavaScript内での型の名前は'Number'です。正の数、負の数、小数を扱えます。

- 19
- -23
- 2.71828

◆文字列型

　文字を表すデータです。JavaScript内での型の名前は'String'です。

　変数名と間違えないように、プログラム中では「"」（ダブルクォーテーション）、または「'」（シングルクォーテーション）で囲んで表します。

- "Sample"
- '日本語メッセージ'

　文字列型には**空文字**というデータがあります。例えば、氏名の記入項目は文字列が入ると期待されますが、最初は空欄になっていますね。このように、データの型は文字列型であるものの今は何も文字が無いことを表します。

```
> var emptyString = '';
< undefined
```

文字列はECMAScript 2015から「`」（バッククォーテーション）で囲むこともできるようになりました。

- `ECMAScript 2015 Template Strings`

バッククォーテーションで囲む場合、複数行にわたる文字列を書くこともできます。

```
`改行を含む文字列を
簡単に扱うことができます。`
```

> **Column　数値型の詳しいはなし**
>
> JavaScriptのNumber型は他の言語では**倍精度浮動小数点数**と呼ばれるものになります。
>
> 有効数値は15〜17桁あり、整数のみであれば+9,000,000,000,000,000〜-9,000,000,000,000,000ぐらいまで扱えますが、割り算などで小数が混ざってくる場合にはそれが倍精度浮動小数点数であることに注意する必要があります。
>
> 倍精度浮動小数点数は小数をコンピュータが扱いやすい2進数の近似値で表現しているため、2進数で考えたときの計算精度の問題が出てくるのです。
>
> ちょっと難しいので、簡単にコンピュータの中で小数がどうなっているのか例をみてみましょう。
>
> ```
> > 10-9.9;
> < 0.09999999999999964
> ```
>
> このように、普通の数値とはちょっと違った数値になります。
>
> 計算精度の問題がわからないうちは、計算結果が大事なJavaScriptの計算で小数を取り扱わないように気をつけましょう。

また、バッククォーテーションで囲む場合、変数を`${}`で囲んで書くことで変数の値を文字列に変換して使うことができます。

```
> var myName = '田中';
< undefined
> var message = `わたしの名前は ${myName} です。`;
< undefined
> message;
< わたしの名前は 田中 です。
```

◆ 真偽値型

○か×かのように正否どちらかを表すデータです。JavaScript内での型の名前は'Boolean'です。

プログラムの中では、例えば「今日は日曜日かどうか」とか「ボタンがクリックされたかどうか」のように、頻繁に○か×かを確認する場面がでてくるため、このように特別な型が用意されています。真偽値型はとれる値が2種類に制限されています。○、使う、ある、真正であるなどの意味を表すときに使う true と、×、使わない、ない、虚偽であるなどの意味を表すときに使う false です。

- true
- false

true／falseは少し大げさな表現のように見えるかもしれません。この名前は古典論理学に由来します。コンピュータの真偽値にまつわる単語には論理学から持ってきた名前が多く付けられています。プログラム上はONかOFFか、使うか使わないかのような2つの値のどちらかしか取れない場合に広く使われます。

2-2 式と演算子

2-2-1 ● 式

色々な種類のデータを紹介しました。次はそれらを組み合わせる方法、**式**について説明します。

プログラムにはたくさんの式がでてきます。式は実行した結果なにかの値をもらえます。

◆ 簡単な式

式という名前から思い浮かべるのは**数式**ではないでしょうか？
プログラムでも数式は式です。まずはConsoleに **1 + 2** という式を入力してみましょう。最後の「**;**」を忘れないようにしてください。

```
> 1 + 2;
< 3
```

「1 + 2」という数式を計算してその結果である「3」が表示されますね。

◆ 基本的な結果の値

いま入力してもらった「1 + 2」という式の場合、「**+**」は計算のための**演算子**です。演算子については後で説明しますが、「1」や「2」という数値型のデータは式の中でどういう働きをしているのでしょうか。
Consoleに「11」という数字を入力してどういう動作をするのか確認してみましょう。

```
> 11;
< 11
```

入力した11の下に11が表示されましたね。数式とはちょっと違うので難しいかもしれませんが、プログラムの世界では**単項式**と呼ばれる、ひとりで何らかの値を返せる式もあります。ただの数字はこの場合、書いた値そのものが取り出される単項式になります。
複数の式を入力するとどうなるでしょうか？ 複数行にまたがるプログラムを書くときは改行するときに Shift キーと一緒に Enter キーを押す必要があることに気をつけてください。

```
> 11;
  12;
< 12
```

2時間目　データの保存と基礎的な計算

最後に実行した式の結果だけが表示されます。

ところで、JavaScriptの中にはなにも返してくれない命令もあります。このような命令のためにJavaScriptは**未定義**を表す特別な値を持っていて、それを返します。最初に「Hello, world!」を表示したときの命令を思い出してください。

```
> console.log('Hello, world!');
  Hello, world!
< undefined
```

undefinedが表示されていましたね[注1]。これは**なにも返してくれない命令**を使っていたのが原因だったのです。そうです、undefinedというのがその特別な値です。

◆式としての変数

変数そのものについてはどうでしょうか？　もう想像できているかもしれませんが、次のプログラムを実行してみましょう。

```
> var number = 5;
  number;
< 5
```

変数の中に代入した数値が出てきましたね。そうです、変数は式の中に書くと、変数の中に代入されているデータを返してくれるのです。

◆変数と数値を混ぜて使う

なんだかあたりまえのような話をしてきましたが、ここまでの説明が次のプログラムを理解するための重要なポイントです。

注1）　undefinedは読み取り専用のプロパティです。すべてのundefinedは同じ値であるとみなされます。

```
> var number = 5;
  7 + number;
< 12
```

式「7 + number」はまず数字「7」がそのままの数値7を返し、変数「number」が中にはいっている値5を返します。7と5を足し合わせるので、返ってくる値は12になります。

どうですか？　すっきりと理解できたでしょうか？

プログラムではこのように変数とデータを組み合わせて書くことが多くなります。上のプログラムが何をしているのか、見た瞬間にわかるようにしっかりと慣れておいてください。

2-2-2 ● 演算子

JavaScriptでできる計算は足し算だけではありません。使える演算子はもっとたくさんあります。ここで主要なものを使いながら覚えてください。

◆算術演算子

数値型のデータに対して計算を行う演算子が算術演算子です（**表2.1**）。一般的なのは数学の式と同じように左右2つの数値型データを計算する四則演算のための算術演算子です。

表2.1 主な算術演算子

演算子	説明
+	加算：足し算をします
-	減算：引き算をします
*	乗算：掛け算をします
/	除算：割り算をします
%	剰余：割り算のあまりをもとめます

```
> 2 + 7;
< 9
> 9 - 5;
< 4
> 5 * 3;
< 15
> 91 / 7;
< 13
> 7 / 5;
< 1.4
> 7 % 5;
< 2
```

基本的には数値型のデータに対してしか使えませんが、文字列型のデータ同士を「**+ 演算子**」で加算しようとすると、2つの文字列をくっつける**文字列結合**の働きをします。

```
> 'abc' + "De";
< abcDe;
```

◆ 代入演算子

変数の代入で使った「**=**」も演算子の1つです。右側のデータを左側の変数に代入します。

また、プログラムでは**もとの値を増やして新しい値にする**ことがよくあります。これは代入演算子と算術演算子を組み合わせて次のように書きます。

```
> var number = 5;
  number = number + 3;
< 8
```

この元の値を計算した結果を同じ変数に再セットする短い書き方があります。

書式

```
［対象の変数］+=［増やす値］
［対象の変数］-=［減らす値］
［対象の変数］*=［掛ける値］
［対象の変数］/=［割る値］
```

この書き方を使うと前のプログラムはもっと短くできます。

```
> var number = 5;
  number += 3;
< 8
```

さらに、**1つだけ増やす**場合や**1つだけ減らす**場合にはもっと簡単に書けます。

書式

```
［対象の変数］++
［対象の変数］--
```

これだけで対象の変数の値を1つ増やしたり、減らしたりしてくれます。
この演算子はちょっと特殊な性質を持っています。それは値を先に返してから1つ増えたり減ったりする、というものです。

```
> var number = 3;
< undefined
> number++;
< 3
> number;
< 4
```

また、「++」や「--」を2回使って2つ増やしたり、減らしたりはできません。

```
> var number = 5;
  (number++)++;
Uncaught ReferenceError: Invalid left-hand side expression in postfix
operation
```

このような場合には「+=」や「-=」を使いましょう。

```
> var number = 5;
  number += 2;
< 7
```

◆ 比較演算子

2つのデータの大小を比べ、真偽値を返す演算子です（**表2.2**）。

表2.2 主な比較演算子

演算子	説明
===	2つのデータが同じであるか調べます
!==	2つのデータが同じでないか調べます
>	左側のデータが右側のデータより大きいか調べます
>=	左側のデータが右側のデータ以上か調べます
<	左側のデータが右側のデータより小さいか調べます
<=	左側のデータが右側のデータ以下か調べます

　2つの要素が同じかどうかを調べる演算子「===」は「=」を3つ続けて入力したものです。また、同じでないか調べる演算子は「!==」と「!」の後ろに「=」を2つ続けて入力します。

```
> 1 === 3;
< false
> 1 !== 3;
< true
> 3 > 3;
< false
> 3 >= 3;
< true
> 'aa' < 'bb';
< true
> 'aa' <= 'bb';
< true
```

文字列型のデータを比較する場合は注意が必要です。小文字のアルファベット同士や清音ひらがな同士の比較であれば期待どおりの結果が得られると思いますが、英数記号入り混じったものや、漢字が混ざる場合には期待と異なる結果になることがあります。

```
> 'Z' < 'a';
< true
> 'あ' < 'い';
< true
> 'ヵ' < 'キ';
< false
```

これは、プログラムが文字列の比較を行うときにコンピュータ上で文字一つひとつに割り当てられている番号、**文字コード**の大小で比較を行っているからです[注2]。文字列を比較するときには注意してください。

注2) 清音ひらがな同士の比較が期待どおりに動くのも、JavaScriptが使っている文字コード上で50音順に並んでいるからです。

◆論理演算子

最後に真偽値型のデータに対して使える演算子を紹介します（**表2.3**）。

表2.3 主な論理演算子

演算子	説明
&&	2つのデータがどちらもtrueであるか調べます
||	2つのデータのどちらかでもtrueであるか調べます
!	1つのデータのtrue/falseを反転させます

!演算子はこれまでの演算子と違って右側の値に対してのみ処理を行います。このように項目1つにしか作用しない演算子を**単項演算子**、2つの項目に作用する演算子を**二項演算子**と呼びます。

```
> true && true;
< true
> true && false;
< false
> true || false;
< true
> false || false;
< false
> !false;
< true
```

この論理演算子は**短絡評価**されます。どういうことでしょう？

```
true || false;
```

「||」はどちらかがtrueであればtrueを返します。ですから上の処理の場合、後ろのfalseをチェックするまでもなく結果がtrueになることがわかると思います。JavaScriptはこのような場合、後ろのfalseの部分のチェックを省略します。

```
false && true;
```

これは「&&」で前の項目が false の場合でも同じです。なお、論理演算の結果は、結果を確定させたデータが返ってきます。

```
true || true;
```

このときに返ってくるのは前の true になり、以下の例は2つ目の項目をチェックしないと決定しないので後ろの true が返ってきます。

```
true && true;
```

2-2-3 ◉ 演算と型

異なるデータ型同士を演算するとどうなるのでしょう？ 実は JavaScript は自動的に型を変換して処理をしようとしてくれます。ですがこの自動変換はその仕組みをしっかりと理解して使わないと想定外の変換をされてしまい、プログラムがおかしな動作をする原因ともなります。

まずはしっかりと型を合わせて演算するようにしましょう。

◆typeof 演算子

そのデータの型が何であるかは typeof という演算子を使って確認することができます。「typeof 演算子」も単項演算子です。

```
> typeof 10;
< "number"
> typeof 'abc';
< "string"
> typeof true;
< "boolean"
> typeof notYetDefined;
< "undefined"
```

◆ キャスト

　データ型を変換することを**キャスト**と呼びます。この時間に学習した3つの型へのキャスト方法をみてみましょう。
　数値型への変換は**Number**を使います。数値に変換できない場合、数値でないものを表す数値型**NaN**に変換されます。

```
> Number("1");
< 1
> Number("a");
< NaN
> Number(true);
< 1
```

　文字列型への変換は**String**を使います。

```
> String(5);
< "5"
> String(true);
< "true"
```

　真偽値への変換は**Boolean**を使います。

```
> Boolean(0);
< false
> Boolean(1);
< true
> Boolean('');
< false
> Boolean('a');
< true
```

Column　真偽値への変換

　文字列型を真偽値に変換した場合、空文字はfalseになり、それ以外はtrueになります。
　数値を真偽値に変換した場合、0またはNaNはfalseになり、それ以外はtrueになります。逆に、真偽値を数値に変換した場合、trueは1になり、falseは0になります。その他ですが、undefinedはfalseになります。
　論理演算子は真偽値型のデータを対象にした演算子であると紹介しましたが、実際には数字や文字と合わせて使うこともできます。この時、ここで説明した真偽値への変換と同じルールで変換された結果で演算処理が行われます。
　一方で式の結果については元の値が返ってきます。どちらの値が返ってくるかは論理演算子で説明したどちらのデータが返るのかを思い出してください。

```
> false || 0;
< 0
> false && 0;
< false
```

　返ってきた値を真偽値に変換すれば同じなのですが、そのまま別の変数に代入する場合には注意しましょう。

2-2-4 ◉ 演算子の優先順位

同じ式の中では足し算と掛け算では掛け算が先に実行される、というように、演算子には優先順位があり、式の中では優先順位の高い処理が先に行われます。ここまで出てきた演算子を優先順が高いものから順番に並べると**表2.4**のようになります。

また、数学と同様に「**()**」で囲むことで優先順位を最初にあげることができます。

表2.4 演算子の優先順位

演算子の優先順位	結合規則	単項／二項
++, --	無	単項演算子
! + -（数字の正負を表す場合） typeof	右	単項演算子
* / %	左	二項演算子
+ -	左	二項演算子
> >= < <=	左	二項演算子
=== !==	左	二項演算子
&& ||	左	二項演算子
= += -= *= /=	右	二項演算子

優先順位が同じものがあった場合には結合規則に書かれている側から順番に処理されます。例えば**!!1**は結合規則が**右**ですからより右にある**1**に対する**!**が先に処理され、次に先頭の**!**が処理されます。

では、この演算処理の流れを理解するために以下のプログラムがどう処理されるのか、順番に追ってみましょう[注3]。

```
> 11 + +5 * -3 === 17 % 13 * -!false;
< true
```

まずは**-!false**の部分に注目しましょう。'!false'で'true'になって、それのマイナス。**true**を数字に変換すると**1**ですから、**-1**になります。このタイミングで他の数字の正

注3) これは流れを理解してもらうためにあえて複雑なまま書いています。実際にソースコードを書くときにはこのようなわかりづらいコードを書くことは避けましょう。

負を表す+と-も処理されます。

```
11 + 5 * -3 === 17 % 13 * -1;
```

次に優先順位の高い掛け算と剰余が処理されます。17 % 13 * -1は結合規則に従って左側から計算されるので17 % 13が先に計算されて4になり、これと-1の掛け算が行われます。

```
11 - 15 === -4;
```

次に引き算が処理されます。

```
-4 === -4;
```

最後に比較演算子が処理されてtrueが返ります。どうでしょうか理解できましたか？

確認テスト

Q1 変数 hensuu を作ってみましょう。

Q2 変数 hensuu に数字の11を代入してみましょう。

Q3 変数 message を作ると同時に Hello, worldを代入してみましょう。

Q4 7 + 7 / 7 + 7 * 7 - 7 !== （1 * -2）+ 4 / 8 * 16 * 8 - 4 *（2 + 1）が何を表示するのか、演算子の優先順位を思い出しながら考えてみましょう。

3時間目 プログラムが動く順番〜分岐と反復

この時間では、プログラムが実行されていく順番と、それをコントロールする方法を学びます。特に何もしない場合のプログラムの実行順序について学んだ後、場合により実行しない部分を作る方法、同じ部分を何度も実行する方法についてそれぞれ学んでもらいます。

今回のゴール

- プログラムがどういう順番で実行されるのか学ぶ
- 実行したり、実行しなかったりを切り替える方法を学ぶ
- 同じプログラムを何度も実行する方法を学ぶ

》 3-1　逐次

これまでプログラムは書かれている順番、上から順番に実行されていくことを話してきました。

この基本的なプログラムの実行順序を**逐次**あるいは**順次**と呼びます。

```
> var a = 1;
< undefined
> a = a + 3;
< 4
> a = a - 5;
< -1
> a = a * -7;
< 7
```

順番に実行すると変数aの値が順番に変化していくのがわかると思います。
このプログラムをまとめて実行しても、変数aの変化の仕方は変わりません。

```
> var a = 1;      ← 変数aを準備して1を代入
  a = a + 3;      ← 変数aの値は4になる
  a = a - 5;      ← 変数aの値は-1になる
  a = a * -7;     ← 変数aの値は7になる
< 7
```

3-2 分岐と反復

プログラミングではプログラムのほとんどの部分について上から順番に実行されて問題のないように書けますが、残念ながら順番に実行するだけでは実現できないこともたくさんあります。

3-2-1 ●分岐

最初にchromeのWebページを表示する部分の横幅が一定の幅より狭かった場合に警告を出すプログラムを考えてみましょう。

```
window.innerWidth;
```

chromeのWebページを表示する部分の横幅はwindow.innerWidthと書けば取得できます。単位はピクセルという画素何個分かという大きさになります。今回は1000ピクセルより狭いかどうかを調べてみましょう。

```
window.innerWidth < 1000;
```

比較演算子を使うことで、chromeのWebページを表示する部分の横幅が1,000ピクセルより狭いかどうかを表す真偽値をつくることができます。ポップアップで表示してみましょう。

```
> var isNarrow = window.innerWidth < 1000;
< undefined
> window.alert(isNarrow);
< undefined
```

これで狭いかどうかはわかります。ですが横幅が一定の幅より狭かった場合にだけ警告を出すにはどうすればいいのでしょうか?

このような「条件に応じてプログラムを変えたい」場合に使うのが**分岐**というプログラミングのテクニックです。

◆if文

まずは基本的な分岐のための`if`文からみていきましょう。

書式

```
if ([条件]) {
    [条件を満たす場合の処理]
}
```

条件の部分は真偽値であらわします。trueの場合に`{`から`}`の間に書いたソースコードが実行されます。`}`の後ろに`;`が要らないことにも注意してください。

図3.1 if文の流れ

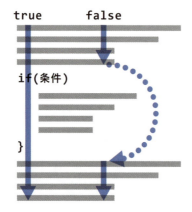

if文の中のプログラムは条件がtrueだった場合のみ実行されます。if文の最後の`}`より後ろのプログラムはどちらにせよ実行されます。

　先ほどの警告のプログラムのソースコードを書きかえてみましょう。

```
> var isNarrow = window.innerWidth < 1000;
  if (isNarrow) {
    window.alert('狭いです');
  }
< undefined
```

　ブラウザの横幅を変えながら試してみてください。狭くした時だけ「狭いです」と表示されるはずです。

　条件の部分は演算の結果が真偽値になればいいので、変数に代入せずに直接比較を書くことができます。

```
> if (window.innerWidth < 1000) {
    window.alert('狭いです');
  }
< undefined
```

　条件を満たす場合の処理には複数の処理を書いても構いません。

　しばしば数行にわたるソースコードになるため、どの部分が条件で、どの部分がそれぞれの場合に実行されるソースコードなのかわかるように、サンプルで示しているように条件を満たす場合の処理の段落を字下げして、それぞれを区別します。この字下げを**インデント**と呼びます。

　インデントがそろっているとソースコードがたいへん見やすくなります。そのため、インデントの幅もコーディングルールで決められることが多いです。インデントには**空白文字**または**Tab**文字を使用しますが、両者を混ぜて使うと混乱の元となるのでどちらを使うのかを決めて統一して使っていきましょう。

```
> if (window.innerWidth < 1000) {
    console.log('狭いです');
    window.alert('狭いです');
  }
< undefined
```

真偽値ではないデータの場合、真偽値へのキャストが行われます。

```
> if (1) {
    window.alert('狭いです');
  }
< undefined
```

このプログラムを実行すると、常に「狭いです」と表示されます。

◆if～else文

条件を満たさない場合の処理も記述したい場合はif～else文を使います（図3.2）。

書式

```
if ([条件]) {
  [条件を満たす場合の処理]
} else {
  [条件を満たさない場合の処理]
}
```

図3.2 if〜else文の流れ

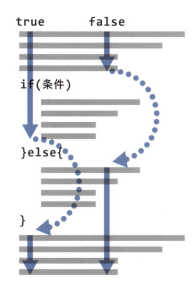

警告プログラムのソースコードを書きかえて、広い場合のメッセージも表示してみましょう。

```
> if (window.innerWidth < 1000) {
    window.alert('狭いです');
  } else {
    window.alert('広いです');
  }
< undefined
```

ブラウザの横幅を変えて両方のメッセージが表示されることを確認しましょう。一度入力したソースコードはブラウザを更新しない限り履歴に残っているので、コンソール上で↑を押すことで過去に入力したソースコードを取り出せます。何度も実行する場合、↑で以前入力したソースコードを探し、Enter キーを押して実行することで、何度も入力する手間を省けますので利用してみてください。

◆ if〜else if文

複数の条件ごとに処理を分岐したい場合にはif〜else if文を使います（図3.3）。

書式

```
if （[条件1]） {
    [条件1を満たす場合の処理]
} else if （[条件2]） {
    [条件2を満たす場合の処理]
} else {
    [条件1，2どちらも満たさない場合の処理]
}
```

図3.3 if〜else if文の流れ

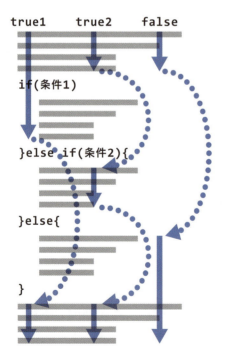

1,200ピクセル以上だった場合、別の警告を出すように修正してみましょう。どの条件にも合わなかった場合の処理、つまりelse文は最後に書かなければいけません。

```
> if (window.innerWidth < 1000) {
    window.alert('狭いです');
  } else if (window.innerWidth >= 1200) {
    window.alert('広いです');
  } else {
    window.alert('普通です');
  }
< undefined
```

else if文は必要なだけ追加することができます。そして、上から順番にチェックされていき条件を満たした場合の処理がされると、その他の条件はチェックされずに終わります（**図3.4**）。

```
> if (window.innerWidth < 1000) {
    window.alert('狭いです');
  } else if (window.innerWidth < 800) {
    window.alert('かなり狭いです');
  } else {
    window.alert('普通です');
  }
< undefined
```

図3.4 上から順番にチェックされる

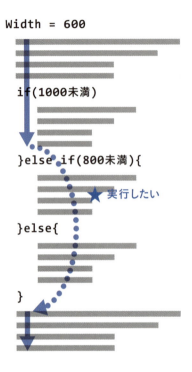

このプログラムを実行しても「かなり狭いです」というメッセージは表示されません。innerWidthが800よりも小さい場合、それは1000よりも小さいので最初のif文の条件を満たしてしまい「狭いです」が表示されて終わってしまいます。ソースコードを次のように書きかえると、プログラムがきちんと動きます。

```
> if (window.innerWidth < 800) {
    window.alert('かなり狭いです');
  } else if (window.innerWidth < 1000) {
    window.alert('狭いです');
  } else {
    window.alert('普通です');
  }
< undefined
```

このように、複数の条件がある場合は条件を書く順番を意識しなければなりません。これは少し大変ですね。このような場合、論理演算子を使って以下のようにそれぞれの条件を厳密に示すことで、条件の順番を気にせずに済むようになります。

```
> if (window.innerWidth >= 800 && window.innerWidth < 1000) {
    window.alert('狭いです');
  } else if (innerWidth < 800) {
    window.alert('かなり狭いです');
  } else {
    window.alert('普通です');
  }
< undefined
```

比較演算子の優先順位が論理演算子よりも高いので、複数の比較を論理演算子を使ってつなげても問題ありません。今はまだ条件が簡単なのでこのままでもかまいませんが、複雑な条件を書く場合、()を使って優先順位を明示すると条件を理解するたすけになります。

```
> if ((window.innerWidth >= 800) && (window.innerWidth < 1000)) {
    window.alert('狭いです');
  } else if (window.innerWidth < 800) {
    window.alert('かなり狭いです');
  } else {
    window.alert('普通です');
  }
< undefined
```

Column: switch文

複数の条件の場合の処理を書き分けるにはif〜else if文ではなくて**switch文**を使うこともできます。switch文は同じ変数の異なる値の場合の処理、例えばinnerWidthの下一桁が0〜9のそれぞれの場合の処理を書くのに適しています。

書式

```
switch ([条件]) {
  case [値1]:
    [条件の値が値1の場合の処理]
    break;
  case [値2]:
    [条件の値が値2の場合の処理]
    break;
  case [値3]:
    [条件の値が値3の場合の処理]
    break;
  default:
    [条件の値が、値1、値2、値3のいずれでもない場合の処理]
    break;
}
```

switch文で使うcaseの値やdefaultの後ろには、**:**（コロン）が必要です。この記号は各命令の最後に書く**;**（セミコロン）ではないので気をつけてください。また、if文で、各条件のときの処理をまとめるために使っていた{}カッコは、switch文では分岐処理全体をまとめるために使います。そして、[条件]とそれぞれの[値]は**===**演算子で比較します。

各caseの**break;**は必須です。これを書かないと次のcaseの中の処理も実行されてしまいます。

3-2-2◉反復(繰り返し)

　今度はたくさんのデータを処理しなければならない場合を考えてみましょう。例えば1から10までを足して合計値を求めるような場合です。

```
> 1 + 2 + 3 + 4 + 5 + 6 + 7 + 8 + 9 + 10;
< 55
```

　書けなくはありませんがけっこう大変です。
　1から10までの数の合計値でこれではプログラムを作るのはすごく大変になるはずなのに、コンピュータはたくさんのデータを処理するのが得意といわれます。そして実際、たくさんのデータを処理もできています。どうしてでしょうか？
　その秘密が**反復**と呼ばれる制御構造、つまり繰り返しに特化した命令にあります。
　JavaScriptにもこの反復処理のための命令がいくつかありますが、ここでは主要な2つを説明します。

◆**for文**

　反復処理を何回すればいいのかわかっているときに使いやすいのが**for文**です(図3.5)。

書式

```
for ([開始値の設定]; [反復判定]; [次の値の設定]) {
    [繰り返し行う処理]
}
```

図3.5 for文の流れ

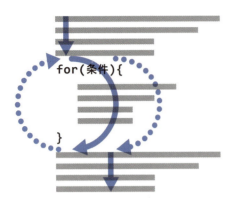

　反復処理では繰り返し行う処理をまとめるために{}カッコを使います。{の中の処理を行う前に**反復判定**が行われます。もしも反復処理を行う場合、{の中の処理を行い、}まで処理を行うとfor文の最初まで戻り、**次の値の設定**を行った後、再び反復判定を行います。
　もしも反復処理を行う場合はこの処理が繰り返されますが、行わないと判定された場合、}の次に処理が移ります。
　では、1から10までを足して合計値を求めるプログラムをfor文を使って書いてみましょう。

```
> var total = 0;
  for (var counter = 1; counter <= 10; counter++) {
    total += counter;
  }
  total;
< 55
```

　まず、合計値を保存する変数totalを宣言し、0を代入しておきます。
　開始値の設定ではfor文で使うカウンターとして変数counterを宣言し、1から足していくので1を代入します。
　反復判定はここの真偽値がtrueの間、反復処理が行われるので10以下であるかどうかを比較演算子で確認します。

最後に、次の値の設定としてcounter変数を1つ大きくします。
これなら100までの数の合計値を計算するのも簡単ですね。

◆while文

1から順番に数を足していって、いくつまで足したら100を超えるのか調べるプログラムを作る場合を考えてみましょう。数を足していくところは繰り返しなので反復処理にできそうですが、何回反復処理を行えばいいのかはわかりませんね。

このように反復処理を何回すればいいのかわからないときにfor文の代わりに使うのが**while文**です（**図3.6**）。

書式

```
while（［繰り返し条件］）｛
    ［繰り返し行う処理］
｝
```

図3.6 while文の流れ

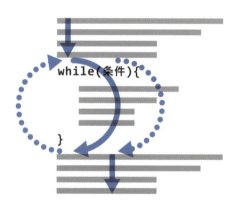

ではさっそく、いくつで超えるのか確認してみましょう。

```
> var total = 0;
  var lastValue = 0;
  while (total <= 100) {
    lastValue++;
    total += lastValue;
  }
  lastValue;
< 14
```

まず、合計値を保存する変数totalを宣言し、0を代入しておきます。

次に最後に足した値として変数lastValueを宣言し、まだ一度も足していないので0を代入します。

反復判定はここの真偽値がtrueの間、反復処理が行われるのでtotalが100以下であるかを比較演算子で確認します。

繰り返し行う処理として、lastValueの値を1つ増やしてから、totalにlastValueの値を足します。

最後に、反復処理の外でlastValueの値を表示します。

for文の説明の時に使った合計値を求めるプログラムで14まで足し合わせるといくつになるか確認してみましょう。'105'になるはずです。どうやら反復処理でちゃんと超えるポイントを見つけられたようですね。

Column 反復処理と実行速度

反復処理の説明のためにわざと計算を繰り返す方法で合計値を計算していますが、実際には「(10+1)*10/2」と計算して構いません。こちらのほうが速いです。

反復処理はプログラムの基本的な構造であり、プログラマには実現したい処理の中からうまく反復処理を見つけ出すセンスが求められますが、一方で不用意に反復処理を使いすぎるとプログラムの動作が遅くなってしまいます。

この本では扱いませんが、より詳しいことが知りたい場合は計算量について調べてみてください。

◆ 無限ループ

　反復処理を記述する際には**無限ループ**を作っていないか注意してください。無限ループとは、繰り返し条件が満たされなくなることが無い反復処理で、プログラムがその反復処理を実行しはじめると、永遠にその先の処理に進むことができなくなります。

　例えば先ほど書いたwhere文の判定条件を、間違えて0以上と書いてしまったとします。

```
> var total = 0;
  var lastValue = 0;
  while (total >= 0) {
    lastValue++;
    total += lastValue;
  }
  lastValue;
>
```

　14が表示されませんが、それ以外は無事に処理が終わっているかのように見えます。ですが、実際には処理がずっと続いていて、例えばこの状態でページの再読み込みボタンをクリックしても読み込み中の表示のまま変わらなくなってしまいます。

　もしもうっかり無限ループを実行してしまった場合、一度ブラウザを終了する必要があります。

　ブラウザは通常どおり⊠の表示されるところをクリックすれば終了できます。この方法で終了できなくなってしまった場合には仮想環境を再起動してください。

◆ break文

　case文で使った**break**命令ですが、反復処理の中で使うと反復処理を途中で終えて反復処理の最後の}の次の命令に処理を移すことができます（**図3.7**）。

```
> var total = 0;
  for (var counter = 1; counter <= 10; counter++) {
    total += counter;
    break;
  }
  total;
< 1
```

図3.7 break文の流れ

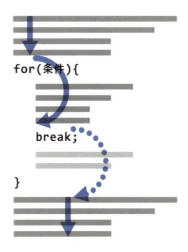

　for文を使って10回反復処理をすることになっていますが、break文があるためそこで反復処理が終わりになります。繰り返し回数が決まっているfor文ではあまり使いませんが、繰り返し回数が決まっていないwhile文は無限ループとの組み合わせで使われることがあります。

```
> var total = 0;
  var lastValue = 0;
  while (true) {
    if (lastValue >= 10) {
      break;
    }
    lastValue++;
    total += lastValue;
  }
  total;
< 55
```

　このような条件が1つだけのwhile文ではwhileの後ろの()の中に終了条件を書いても同じ事になります。むしろそのほうがわかりやすいでしょう。
　一方で反復処理の終了条件が多く複雑になる場合にはwhile文の後ろの()の中に条件をすべて書くと以下のようになってしまいます。

書式

```
while (([条件1]) || ([条件2]) || ([条件3])) {
  [反復処理]
}
```

　このような場合、無限ループとbreakを組み合わせて以下のように書きかえることができます。

書式

```
while (true) {
  if ([条件1]) {
    break;
  }
  if ([条件2]) {
    break;
  }
  if ([条件3]) {
    break;
  }
  [反復処理]
}
```

◆continue文

　反復処理ではもう1つ、今回の反復処理を飛ばし次の反復処理を行う命令continue命令が使えます（**図3.8**）。

図3.8 continueの流れ

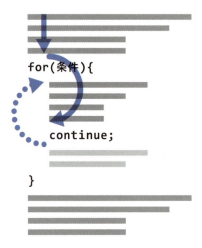

　奇数だけ1から20まで合計する処理はfor文を使って次のように書けます。

```
> var total = 0;
  for (var counter = 1; counter <= 20; counter++) {
    if (counter % 2 == 1) {
      total += counter;
    }
  }
  total;
< 100
```

このように反復処理の途中に(ある条件を満たす)処理したくないものが含まれていて、それを除きながら反復処理を続ける場合には次のように書くこともできます。

```
> var total = 0;
  for (var counter = 1; counter <= 20; counter++) {
    if (counter % 2 != 1) {
      continue;
    }
    total += counter;
  }
  total;
< 100
```

今回は本体の処理としてはtotalを増やす計算しかしていないので、リストの読みやすさはほとんど変わりません。しかし、本体の処理としてたくさんのソースコードを記述する場合、continue命令を上手に利用するとソースコードをすっきりとできます。

Column 条件演算子

条件を満たす場合と満たさない場合で返す値を変えられる条件演算子と呼ばれる演算子があります。

書式

［条件］？［条件を満たす場合の値］：［条件を満たさない場合の値］；

if文と似ていますが、else ifにあたる演算子がないことと、値が返ってくることが違います。特に値が返ってくることが便利で、例えば絶対値を求める処理をif文を使って書くと以下のようになります。

```
> var a = -10;
  var abs;
  if (a >= 0) {
      abs = a;
  } else {
      abs = a * -1;
  }
  abs;
< 10
```

上記を条件演算子を使うと以下のように書けます。

```
> var a = -10;
  var abs = a >= 0 ? a : a * -1;
  abs;
< 10
```

if文が使いこなせるようになったら条件演算子も使ってみましょう。

確認テスト

Q1 以下のプログラムを実行してYesが表示されるように変数aに値を代入してみましょう。

```
var a;
[代入プログラム]
if (a) {
  console.log('Yes');
} else {
  console.log('No');
}
```

Q2 以下のプログラムを実行してPattern 2が表示されるように変数aに値を代入してみましょう。

```
var a;
[代入プログラム]
if (a > 10) {
  console.log('Pattern 1');
} else if (a > 0) {
  console.log('Pattern 2');
} else if (a === 0) {
  console.log('Pattern 3');
} else {
  console.log('Pattern 4');
}
```

Q3 以下の判定プログラムを埋めて、実行後に変数sumの値が14になるようにしてみましょう。

```
var sum = 0;
for (var i = 2; [判定プログラム]; i++) {
  sum += i;
}
```

4時間目 プログラム／データをまとめる方法

この時間では、同じプログラムを1つにまとめたり、複数のデータをひとかたまりにする方法を学びます。まず、プログラムを関数にまとめる方法を学んだあと、関数に条件を渡す方法、関数から結果を受け取る方法を一通り学びます。一方で、データについても、複数の同じ意味のデータをまとまりにして上手に反復処理ができるように配列について学びます。

今回のゴール

- プログラムを部品のように1つにまとめる方法を学ぶ
- まとめたプログラムに条件を渡したり、結果を受け取ったりするプログラミングをしてみる
- 同じデータを1つにまとめる方法を学ぶ
- まとめたデータを使って反復処理を行うプログラミングをしてみる

》 4-1 関数と配列

　ここまで勉強してきた変数と分岐や反復を上手に組み合わせれば、プログラムのほとんどの部分を作れます。ですが、これだけだとソースコードが長くなっていったときに、何をやっているのか把握するのが大変になってしまいます。
　この時間は処理やデータを上手にまとめて整理する方法を説明します。

4-2 関数

まずは処理をまとめる方法です。JavaScriptでは**関数**を作ることで処理をまとめて名前をつけることができます。関数は変数と同じように**宣言**して作ります。

> 書式
>
> ```
> function [関数名]() {
>   [まとめたい処理]
> }
> ```

関数名も慣習的に小文字、もしも複数の単語をつないで1つの名前にする時にはつないだ単語の先頭を大文字にする**camelCase**で付けられることが多いので、本書でもそれに従っていきます。

関数名の後ろにつける**()**はプログラムにとって大切な記号なので忘れずにつけてください。この()の使いみちは後で説明します。また、関数では**{}**カッコを処理をまとめるために使います。

実際に1から10までを足し合わせる処理を関数にしてみましょう。

リスト4.1 1から10までを足し合わせる関数

```
function sum() {
  var total = 0;
  for (var counter = 1; counter <= 10; counter++) {
    total += counter;
  }
  window.alert(total);
}
```

これまで、確認のために最後の式として単に変数を書いて中の値を表示させていましたが、関数にしてしまうと変数を書いても最後の式にならないので、確認は**window.alert**を使って表示するように変更しています。

これで関数ができました。といってもundefinedが表示されるだけで何も起きてい

ないかのように見えますね。関数は作った時には**関数を作ることだけを行い**、**プログラムとしてまとめたい処理**を実行しません。

では、「まとめたい処理」を利用してみましょう。なお、関数を実行することを**関数を呼び出す**と表現します。

```
> sum();
< undefined
```

関数を呼び出すには関数名の後ろに**()**を付けて書きます。どうでしょうか？ ポップアップで55と表示されたでしょうか？

関数の作成と、呼び出しを行った時の処理の流れは**図4.1**のようになります。

図4.1 関数の作成と呼び出しの流れ

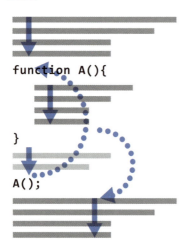

関数を呼び出すと、「まとめたい処理」の部分が実行され、呼び出しを行った次のプログラムへと処理の流れが戻ってきます。これで簡単に何度でも1から10まで足し合わせる計算を行うことができるようになりました！

4-2-1 ● 引数

　関数が作れるようになりましたが、では1から20まで足し合わせる必要が出てきたらどうしましょう？　あたらしくsum20という関数を作りましょうか？　それでは毎回プログラムを作るのと変わりませんね。
　関数は呼び出すときにいくつかの値を受け取って、それに応じた処理を作れるようにできています。その機能を使って、呼び出すときに渡した数字までの合計値を表示する関数を作ってみましょう。

書式

```
function [関数名]([引数], ... [引数]) {
  [まとめたい処理]
}
```

リスト4.2 1から指定された数までを足し合わせる関数

```javascript
function sum(rangeTo) {
  var total = 0;
  for (var counter = 1; counter <= rangeTo; counter++) {
    total += counter;
  }
  window.alert(total);
}
```

　()の中にrangeToという文字が書かれていますね。これは**引数**（ひきすう）という、その関数の中だけで使える変数です。英語では**パラメータ**と呼ばれます。
　引数のスコープはvarやletを付けなくても、作ろうとしている関数の中に制限されます。
　rangeToも変数なので新しい値を代入することもできますが、関数を呼び出すときに呼び出す側が入れてくれた関数にとって必要な値が入っているはずなので、むやみに変数として扱うことはやめましょう。
　複数の引数を受け渡しできるようにする場合、()の中に,で区切って宣言します。

4時間目 プログラム／データをまとめる方法

リスト4.3 範囲を指定して足し合わせる関数

```
function sum(rangeFrom, rangeTo) {
  var total = 0;
  for (var counter = rangeFrom; counter <= rangeTo; counter++) {
    total += counter;
  }
  window.alert(total);
}
```

これではじまりと終わりを呼び出す側が設定できる合計値計算の関数ができあがりました。ためしに呼び出してみましょう。

```
> sum(1, 10);
< undefined
```

確認のためにこれまでと同じ範囲で計算してみます。ポップアップで55と表示されたでしょうか？
では、次に正しく範囲が変えられるか、別の範囲を計算して見ましょう。

```
> sum(2, 5);
< undefined
```

ポップアップに14と表示されたでしょうか？　範囲を変えて自由に計算できるようになりました！
この関数の動きをもう少し順を追ってみていきましょう。

```
sum(2, 5);
```

この命令は関数sumを呼び出す命令ですから、実際に実行されるのはsumの本体にあたる、

```
var total = 0;
for (var counter = rangeFrom; counter <= rangeTo; counter++) {
  total += counter;
}
window.alert(total);
```

というプログラムです。

```
function sum(rangeFrom, rangeTo) {
```

上記のソースコードのうち、rangeFromとrangeToは引数として定義されていますから、呼び出すときに渡された値、それぞれ2と5になって処理されると考えるとよいでしょう。

ですから、

```
var total = 0;
for (var counter = 2; counter <= 5; counter++) {
  total += counter;
}
window.alert(total);
```

というプログラムが実行されるのと同じことになります。

4-2-2 ● デフォルト引数

ECMAScript 2015から引数に初期の値（デフォルト値）を設定できるようになりました。デフォルト値が設定された引数は呼び出すときに省略することができ、その場合にはデフォルト値が引数の値となります。

時間目 プログラム／データをまとめる方法

リスト4.4 足し合わせる範囲の最後を省略できる関数

```
function sum(rangeFrom, rangeTo = 10) {
  var total = 0;
  for (var counter = rangeFrom; counter <= rangeTo; counter++) {
    total += counter;
  }
  window.alert(total);
}
```

```
> sum(1);
< undefined
```

このようにrangeToを省略して呼び出すことができ、そうするとポップアップで55と表示されます。

どちらかというとrangeFromを省略可能にして、「何も指定しなければ1から指定された値までの合計値を計算する」ようにしたいですね。残念ながら、デフォルト引数はデフォルト引数が指定されていない普通の引数より前に設定することができません。

```
function sum(rangeFrom = 1, rangeTo) {    // エラー
}
```

ですから「何も指定しなければ1から指定された値までの合計値を計算する」ようにはrangeFromとrangeToの順番を入れ替える必要があります。

```
> function sum(rangeTo, rangeFrom = 1) {
    var total = 0;
    for (var counter = rangeFrom; counter <= rangeTo; counter++) {
      total += counter;
    }
    window.alert(total);
  }
< undefined
```

```
> sum(10);
< undefined
```

ポップアップに55と表示されましたね。

4-2-3●関数とスコープ

引数はその関数の中だけで使える変数だと説明しましたが、変数の説明をしたときにその変数をプログラム中で使ったりすることのできる範囲を**スコープ**ということを説明しました。覚えていますか？ 実は関数がそのスコープを作る手段だったのです。

関数がスコープを作るというのはどういうことでしょう。

```
function sum(rangeFrom, rangeTo) {
  var total = 0;
  for (var counter = rangeFrom; counter <= rangeTo; counter++) {
    total += counter;
  }
  window.alert(total);
}
```

例えば、このtotalという変数はsumという関数の中だけで有効です（**図4.2**）。

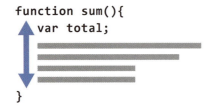

図4.2 関数とスコープ

```
function sum(){
    var total;
    ▬▬▬▬▬▬▬▬▬▬▬▬▬
    ▬▬▬▬▬▬▬▬▬▬
    ▬▬▬▬▬▬
    ▬▬▬▬▬▬▬▬▬
}
```

```
> total;
< Uncaught ReferenceError: total is not defined
```

関数ではないところでtotalを利用しようとするとエラーになります。

```
> sum(2, 5);
< undefined
> total;
< Uncaught ReferenceError: total is not defined
```

関数を呼び出した後でも同じです。

　これまでの変数はプログラムのどこからでも利用することができました。これはソースコードが小さいうちは便利ですが、ソースコードの複雑さの前にすぐに問題となってしまいます。これまでもたくさんの変数を使って来ましたが、ソースコードが長くなって変数が増えたとき、それぞれの目的に応じて全部別の名前をつけるのはとても大変ですよね？

　そこで、このように変数が利用できる範囲を限定して、ソースコードを読みやすくしていきます。関数の動作を左右する変数であれば関数の中だけでしか使いませんから、その外側で参照できる必要はありません。そうして限定してあげることで別の関数で同じ名前の変数を使うことができるようになります。それらは完全に別の変数として動作します。

　一方、関数の外側にある変数はどうでしょうか？　試してみましょう。

```
> var hoge = 5;
  function testScope() {
    window.alert(hoge);
  }
< undefined
> testScope();
< undefined
```

ポップアップで5が表示されたはずです。このようにスコープは入れ子構造になっており、関数が宣言された時点でその関数が属しているスコープの中にある変数は関数の中からも操作することができます（**図4.3**）。

図4.3 関数の外のスコープ

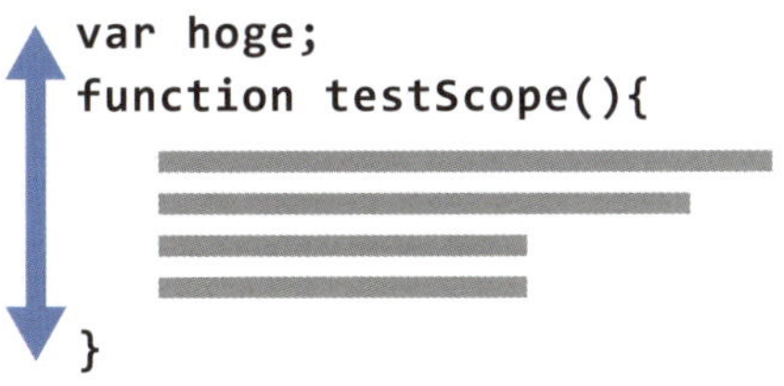

```
var hoge;
function testScope(){



}
```

ECMAScript 2015から使えるようになったletはvarとスコープが異なります。letでは関数ではなく{}で囲まれた範囲（**ブロック**と呼びます）内がスコープとなります。

```
function sum(rangeFrom, rangeTo) {
  let total = 0;
  for (let counter = rangeFrom; counter <= rangeTo; counter++) {
    total += counter;
  }
  window.alert(total);
}
```

varを使ったときとほとんど変わっていませんが、counterという変数のスコープはforの{}ブロックの中だけになっています。確認してみましょう。

```
> function sum(rangeFrom, rangeTo) {
    let total = 0;
    for (let counter = rangeFrom; counter <= rangeTo; counter++) {
      total += counter;
    }
    window.alert(counter);
  }
< undefined
> sum(1, 10);
< Uncaught ReferenceError: counter is not defined
```

エラーが表示されますね。for文の{}の外側では変数counterが存在しないことになっています。

4-2-4●返り値

ポップアップで表示するのではなく、console.logで表示したい場合にはどうすればいいでしょうか？

まずは分岐処理を使って関数内で表示を切り替えて実現する方法を考えてみましょう。

```
> function sum(rangeFrom, rangeTo, withDialog) {
    var total = 0;
    for (var counter = rangeFrom; counter <= rangeTo; counter++) {
      total += counter;
    }
    if (withDialog) {
      window.alert(total);
    } else {
      console.log(total);
    }
  }
< undefined
```

Column さらに厳密なvarとletの違い

　varで宣言した変数は、宣言されている関数の中と説明しましたが、これは関数内のどこで宣言しても宣言されているとみなされることを意味しています。例えば次の宣言は有効です。

```
> function scopeSample() {
    window.alert(hoge);
    var hoge = 5;
  }
< undefined
> scopeSample();
< undefined
```

hogeの宣言がない場合エラーになることからわかります。

```
> function scopeSample() {
    window.alert(hoge);
  }
< undefined
> scopeSample();
< Uncaught ReferenceError: hoge is not defined
```

　一方のletはブロックの中で宣言されて以降のプログラムで有効になります。つまり、以下のプログラムはエラーになります。

```
> function scopeSample() {
    window.alert(hoge);
    let hoge = 5;
  }
< undefined
> scopeSample();
< Uncaught ReferenceError: hoge is not defined
```

　varを使う場合には、言語仕様上は利用してから宣言しても構わないのですが、紛らわしいのでlet同様に、宣言してから使うようにしたほうがよいでしょう。

これで出力を切り替えることができるようになりました。でもちょっと待ってください。この関数の名前と引数をよく見てみましょう（**表4.1**）。

表4.1 引数と関数の名前と意味

種類	名前	意味
関数名	sum	合計値を計算する
引数1	rangeFrom	計算範囲のはじまり
引数2	rangeTo	計算範囲の終わり
引数3	withDialog	window.alertで表示するかどうか

withDialog引数だけ、計算とは関係のない仲間はずれとなっています。

合計値totalの確認のためにtotalと書いていた行を、関数にしたときにもwindow.alertを使ってそのまま確認できるようにしていました。これを「別の表示方法もできるようにしたい／しよう」として出力を切り替えられるようにしましたが、そのためには関数の引数を追加する必要がありました。つまりこの関数はいまや、名前が示す「合計を計算する」機能に加えて、「表示する」ことも機能となっているのです。

関数は名前を見てその機能がわかるようにすることが望ましいので、もしこの関数をこのままにするのであれば、calculateAndDisplayTotalのような名前に変更するべきです。ですが、関数それぞれはできるだけ少ない機能、理想的には単一の機能のみを提供するようにプログラムを作るべきである、とされます。そのほうがプログラムのミスが起こりにくく、起こったとしても直しやすいからです。

そのような複数の機能を持つ関数はできるだけ作らないのが正しいプログラミングですが、実際にプログラムを作っていると、しばしば1つの関数で複数のことをやるようになってしまいます。変数名や関数名をきちんと意味を考えながらつけていると、今回のケースのように比較的簡単にこの問題に気付くことができます。

さて、それではこの2つの機能を分離してみましょう。sumは合計値を計算する関数ですから、計算結果をどうにかしてやりとりできれば表示するプログラムと連携できそうですね？　スコープを上手に使えば関数の中と外で変数を共有できます。まずはそのソースコードを見てみましょう。

```
> var total = 0;
  function sum(rangeFrom, rangeTo) {
    for (var counter = rangeFrom; counter <= rangeTo; counter++) {
      total += counter;
    }
  }
< undefined
```

これでも計算結果のやりとりはできますが、このプログラムはよくありません。ためしに2回連続で関数を呼び出して見ましょう。

```
> sum(1, 10);
< undefined
> window.alert(total);
< undefined
> sum(1, 10);
< undefined
> window.alert(total);
< undefined
```

2回目のポップアップでは110と表示されましたね？ 呼び出しの前にtotalに0を代入するか、関数の先頭でtotalに0を代入すれば計算結果がおかしくなる問題は解消しますが、前のプログラムは関数の呼び出し前に準備が必要で、忘れると問題が起きるため使うのが難しい関数を作ってしまっています。また、後のプログラムでは共有している変数を実質的にsumが占有していることになります。同じ占有するのであれば、きちんと関数のスコープの中に置いて、プログラムの他の部分では不用意に操作できないようにしたほうが安全ですね？

ではどうすれば機能を分けることができるのでしょうか？ そこで大切になるのが関数のもう1つの仕組み**返り値**です。

プログラム／データをまとめる方法

書式

```
function ［関数名］（［引数］, ... ［引数］） {
  ［まとめたい処理］
  return ［返り値］
}
```

返り値はreturn命令の後に続けて書きます。計算結果を返り値にしてみましょう。

```
> function sum(rangeFrom, rangeTo) {
    var total = 0;
    for (var counter = rangeFrom; counter <= rangeTo; counter++) {
      total += counter;
    }
    return total;
  }
< undefined
```

この関数は返り値があるので、呼び出すと値が出てきます。

```
> sum(1, 10);
< 55
```

後はこの返り値を、window.alert命令かconsole.log命令かのどちらかに、引数として渡してあげれば大丈夫です。

```
> window.alert(sum(1, 10));
< undefined
```

関数の返り値はif文などの条件としても使えます。

```
if (window.innerWidth < 1000) {
  window.alert('狭いです');
} else {
  window.alert('広いです');
}
```

条件はifの後ろの()の中に書くものでしたね。この判定を行う処理を関数にしてみましょう。

```
> function isNarrow() {
    return window.innerWidth < 1000;
  }
< undefined
> if (isNarrow()) {
    window.alert('狭いです');
  } else {
    window.alert('広いです');
  }
< undefined
```

今のChromeの横幅に応じてメッセージが表示されるはずです。

返り値の説明をしたことで、これまでずっと出続けてきたundefinedの正体が見えてきたと思います。そうです。window.alertも実は関数、それも返り値がない関数だったのです。console.logのlogも同様に関数です（consoleとその後ろの.については**7時間目**で説明します）。

Column｜return命令とセミコロン自動挿入

　返り値を返したい場合にはreturnの後ろで改行を行ってはいけません。必ず返り値を書いてから改行してください。

```
return
    true;
```

　これはJavaScriptの;自動挿入機能がreturnの後ろの改行で;を補ってしまうためで、上のソースコードは下のように解釈されてしまいます。

```
return;
    true;
```

　この自動挿入機能は便利ですがちょっと複雑で、改行すれば必ず;が補われるというものではありません。どういう時にはダメなのか正しく理解して使えないと、プログラムが正しく動作せずにびっくりすることになります。

　直前や直後の改行に;が補われる命令と演算子がJavaScriptには6つあります。

- break
- continue
- return
- throw
- ++
- --

　これらの命令の前後では不用意に改行しないように特に気をつけてください。本書では「文末に；をつけなさい」というルールに統一するほうがシンプルで覚えやすいためこちらに統一しますが、もしもあなた、もしくはあなたの所属するチームが;を省略するルールで統一している場合には、必ず「どういう場合に;が補われる・補われないのか」を理解して省略するようにしてください。

4-3 配列

次はデータをまとめる方法です。

例えば、テストの結果をクラス全員の分まとめて処理したい場合、結果のまとまりを作りたいですね。このような時に便利なのが**配列**です。英語では**Array**と呼ばれます。

4-3-1 ●配列の作り方

配列は[]という記号を使って簡単に作れます。

書式

```
var [配列の名前] = [];
```

1つ作ってみましょう。

```
> var sampleArray = [];
< undefined
> sampleArray;
< []
```

この場合、中身の何も入っていない配列は値の一種で、これはsampleArrayという変数に**配列型**の値をセットしていることになります。

最初から値を入れて配列を作ることもできます。

書式

```
var [配列の名前] = [[値], [値], ...[値]];
```

3つの値を持つ配列を作ってみます。

```
> var sampleArray = [1, 3, 5];
< undefined
> sampleArray;
< [1, 3, 5]
```

4-3-2◉配列への値の追加と取得

配列に値を追加するには**push**という関数を使います。返り値にはいま配列にいくつの値が入っているかが返ってきます。

```
> var sampleArray = [];
< undefined
> sampleArray.push(59);
< 1
> sampleArray;
< [59]
> sampleArray.push(61);
< 2
> sampleArray;
< [59, 61]
```

sampleArrayの中に59と61という2つの数字を追加しました。最後のsampleArray;の結果をみると、2つの数字が入っていますね。

それぞれの値は**添え字**（インデックス）を使って取り出します。最初の値は0番目、次の値は1番目の値になります。

```
> sampleArray[0];
< 59
> sampleArray[1];
< 61
> sampleArray[2];
< undefined
```

まだ追加されていない順番の添え字を指定すると、undefinedになります。

値を削除するときには**splice**という関数を使います。splice関数の第一引数には削除したい値が始まるインデックス、第二引数には第一引数で指定したインデックスからいくつ削除するのかを指定します。

```
> sampleArray.splice(0, 1);
< [59]
> sampleArray;
< [61]
```

返り値にはインデックスからはじまる取り出された値の配列が返ってきます。

```
> sampleArray.push(67);
< 2
> sampleArray.push(71);
< 3
> sampleArray.push(73);
< 4
> sampleArray;
< [61, 67, 71, 73]
> sampleArray.splice(1, 2);
< [67, 71]
> sampleArray;
< [61, 73]
```

なお、インデックスは0から「配列に入っている値の数-1」までが有効です。配列にいくつ値が入っているかはlengthを使って調べられます。

```
> sampleArray.length;
< 2
```

Column インデックスを使った直接操作

実は配列への値の追加や書き換えはインデックスを使って簡単に書くこともできます。

```
> var sampleArray = [];
< undefined
> sampleArray[0] = 59;
< 59
> sampleArray;
< [59]
> sampleArray[1] = 61;
< 61
> sampleArray;
< [59, 61]
```

ですが、この方法を使った場合、途中の値の欠けている配列を作ることができてしまいます（**疎な配列**と呼びます）。

```
> sampleArray[3] = 67; // インデックス 2 の要素を飛ばしています
< 67
> sampleArray;
< [59, 61, undefined × 1, 67]
> sampleArray[10] = 0; // インデックス 4 〜 9 の要素を飛ばしています
< 0
> sampleArray;
< [59, 61, undefined × 1, 67, undefined × 6, 0]
```

また、マイナスのインデックスに値を格納することもできてしまいます。

```
> var sampleArray = [];
< undefined
> sampleArray[-1] = 5;
< 5
> sampleArray;
< []
```

これらの配列はプログラムで安全に取り扱うのが難しくなります。今回は値のまとまりを簡単に取り扱うために配列を使うため、値が欠けたり、マイナスのインデックスを持たないように、まとまりを操作する関数を使う方法を推奨しています。

4-3-3 ● 関数と組み合わせて使う

配列はそのまま引数に渡したり、返り値として返すことができます。

```
> function calculateTaxIncluding(prices) {
    var results = [];
    for (var index = 0, length = prices.length; index < length; index++) {
      results.push(prices[index] * 1.08);
    }
    return results;
  }
< undefined
```

calculateTaxIncluding関数は、複数の価格を配列で受け取り、それぞれの税込金額を計算して配列で返します。金額なので本来は整数でなければなりませんが、今回は計算結果が正しいかどうか見てすぐにわかるように小数のままにしておきます。

```
> calculateTaxIncluding([100, 200, 40, 50]);
< [108, 216, 43.2, 54]
```

きちんと計算できていますね。

4-3-4 ● 便利な関数

反復処理と組み合わせいろいろなプログラムが作れますが、よく使う基本的なプログラムは標準で提供されています。

◆ 文字列にする

配列を文字列型に変更するには、toString()を使います。

```
> var a = [0, 1, 1, 2, 3, 5, 8];
< undefined
> a.toString();
< "0,1,1,2,3,5,8"
```

この方法では、,で区切った文字列が作られますが、好きな区切りを使って配列の要素をつなぎあわせたい場合には、join()を使います。

```
> var a = [0, 1, 1, 2, 3, 5, 8];
< undefined
> a.join(' and ');
< "0 and 1 and 1 and 2 and 3 and 5 and 8"
```

区切りを指定しないでjoin()を使うと、,が区切りに使われます。そのためtoString()と同じ結果になります。

```
> var a = [0, 1, 1, 2, 3, 5, 8];
< undefined
> a.join();
< "0,1,1,2,3,5,8"
```

◆ 要素が存在するか確認する

配列中のどこにある要素が存在するのか確認するには、indexOf()を使います。indexOf()は一致する要素のインデックスを返します。

```
> var a = [0, 1, 1, 2, 3, 5, 8];
< undefined
> a.indexOf(5);
< 5
```

要素が存在しない場合、-1を返します。

```
> var a = [0, 1, 1, 2, 3, 5, 8];
< undefined
> a.indexOf(4);
< -1
```

配列中に同じ要素が複数存在する場合、最初のインデックスを返します。

```
> var a = [0, 1, 1, 2, 3, 5, 8];
< undefined
> a.indexOf(1);
< 1
```

逆に最後の同じ要素のインデックスを返す **lastIndexOf()** もあります。

```
> var a = [0, 1, 1, 2, 3, 5, 8];
< undefined
> a.lastIndexOf(1);
< 2
```

確認テスト

Q1 掛け合わせる範囲をrangeFrom，rangeTo引数に受け取り、rangeFromからrangeToまで1つずつ掛け合わせていき、結果を返り値で返す関数mulを作ってみましょう。

Q2 配列を引数に受け取ってその要素を全部掛け合わせ、その計算結果を返り値で返す関数mulを作ってみましょう。

5時間目 より高度なデータのまとまり／関数の使い方

この時間では、配列よりも柔軟なデータのまとまりの作り方として連想配列を学びます。連想配列と配列を上手に組み合わせて使うことで、異なるものを1つにまとめることと、同じものを1つにまとめることの両方が表現できるようになります。

今回のゴール

- 異なるデータを扱えるよう、別のまとまりを作る方法を学ぶ
- 関数をデータのように変数に代入したり、関数の引数として渡す方法を学ぶ
- 関数をもっと簡単に作る方法を学ぶ

≫ 5-1 連想配列と無名関数

5-1-1 ● データ設計

前の時間に配列でデータをまとめる方法を説明しました。配列を使えば、例えばあるクラスのあるテストの結果はこのようにまとめて管理することができます。

```
var examinationScores = [
    59, 84, 77, 53, 41, 20, 42, 53, 55, 54,
    36, 48, 64, 70, 45, 54, 42, 50, 49, 53,
    68, 60, 66, 57, 52, 55, 82, 61, 51, 43,
    57, 65, 81, 63, 45
];
```

35人分のデータを配列にまとめています。配列は反復処理に適していますから。これで合計を計算するのも、平均を計算するのも簡単にできます。

```javascript
function calculateTotal(scores) {
  var total = 0;
  for (var index = 0; index < scores.length; index++) {
    total += scores[index];
  }
  return total;
}

function calculateAverage(scores) {
  return calculateTotal(scores) / scores.length;
}
```

プログラムではこのように、実際のデータをどのような形でデータをまとめれば処理しやすいか考えることが大切です。これを**データ構造の設計**といいます。

では学校全体のテスト結果の管理をテーマに、もう少しデータ構造の設計を見ていきましょう。

5-1-2 ● 二次元配列

最初のデータが**情報**のテストの結果だったとして、他の科目、今度は**英語**のテストの結果もまとめるとしたらどうしたらいいでしょうか？

どちらのデータについても、それぞれの科目ごとに平均や標準偏差を出したいので、それぞれを配列でまとめてみましょう。

5時間目 より高度なデータのまとまり／関数の使い方

```
var informationExaminationScores = [
    59, 84, 77, 53, 41, 20, 42, 53, 55, 54,
    36, 48, 64, 70, 45, 54, 42, 50, 49, 53,
    68, 60, 66, 57, 52, 55, 82, 61, 51, 43,
    57, 65, 81, 63, 45
];
var englishExaminationScores = [
    60, 69, 56, 65, 61, 43, 65, 52, 59, 61,
    51, 51, 68, 68, 45, 64, 49, 60, 59, 55,
    52, 60, 59, 48, 56, 55, 67, 63, 54, 36,
    50, 55, 63, 50, 50
];
```

これら2つの配列をまとめるにはどうしたらいいでしょう？ 実は配列は「要素に配列を持つ配列」というものを作ることができます。

```
var examinationScores = [[
    59, 84, 77, 53, 41, 20, 42, 53, 55, 54,
    36, 48, 64, 70, 45, 54, 42, 50, 49, 53,
    68, 60, 66, 57, 52, 55, 82, 61, 51, 43,
    57, 65, 81, 63, 45
], [
    60, 69, 56, 65, 61, 43, 65, 52, 59, 61,
    51, 51, 68, 68, 45, 64, 49, 60, 59, 55,
    52, 60, 59, 48, 56, 55, 67, 63, 54, 36,
    50, 55, 63, 50, 50
]];
```

examinationScoresは2×35の情報を持つ配列になります。このように2種類（教科と学生）の項目の組み合わせを格納している配列を**二次元配列**といいます。

5-1-3●定数

　examinationScoresの0番目の要素は情報のテスト結果、1番目の要素が英語のテスト結果になります。

```
examinationScores[0];      // 情報のテスト結果（の配列）
examinationScores[1];      // 英語のテスト結果（の配列）
examinationScores[0][0];   // 出席番号1番の学生の情報のテスト結果
```

　この表現の中で、出席番号を表す2番目の変数はまだ意味が想像しやすい数字ですが、教科を表す1つ目の数字、「情報が0で英語が1」というのはそうであることを知っていないとわからない数字です。このような数字がソースコード中に頻繁に出てくると、その処理が何であるのか大変わかりにくいものになってしまいます。そこで、このような場合には数字を意味がわかる変数に代入して使います。

```
var information = 0;
var english = 1;
examinationScores[information];
examinationScores[english];
examinationScores[information][0]; // 出席番号1番の学生の情報のテスト結果
```

　ですが、変数をそのまま使うと、変数は別の値を代入できてしまいますから途中で中の値が変わってしまい、プログラムがおかしくなってしまう可能性があります。このような変数は最初に代入した値で以降ずっと値を変えない、というルールでソースコードを書く必要があります。
　このように最初の値から変わらない変数を**定数**と呼びます。定数はそれが定数であることが見てわかるようにするのが普通です。JavaScriptではすべて大文字で書き、単語のくぎりは_でつないだ変数名を付けて、それが定数であることを表すことが多いので、本書でもこの方式を採用します。

```
var INFORMATION = 0;
var ENGLISH = 1;
examinationScores[INFORMATION];
examinationScores[ENGLISH];
examinationScores[INFORMATION][0]; // 出席番号1番の学生の情報のテスト結果
```

5-1-4 ● 連想配列

せっかく定数を覚えてもらいましたが、変数名のような文字列をいちいち使うのなら、文字列をインデックスにして変数にアクセスできたほうが便利だと思いませんか？それができるデータ構造が**連想配列**です。

連想配列は**{}**という記号を使って簡単に作れます。

書式

```
var [連想配列の名前] = {};
```

1つ作ってみましょう。

Column JavaScriptの定数サポート

多くの言語ではプログラミング言語によって定数がサポートされており、一度しか代入が許されないように制限されています。

JavaScriptには長らくこの機能が無かったのですが、ECMAScript 2015でようやくサポートされました。

定数の宣言にはvarの代わりにconstを使います。

```
const INFORMATION = 0;
```

こうすることでINFORMATIONに別の値を代入しようとするとエラーが発生するようになります。

constのスコープはletと同じです。

```
> var sampleHashMap = {};
< undefined
```

連想配列はデータを順番ではなく、キーと紐付けて格納します。キーには文字列も使えます。キーはインデックスの代わりに[]の中に書きます。

```
> sampleHashMap['test'] = 5;
< 5
> sampleHashMap['test'];
< 5
```

あるいは単純に.でつなげて書くこともできます。

```
> sampleHashMap.test;
< 5
> sampleHashMap.test = 7;
< 7
> sampleHashMap.test;
< 7
```

キーと値は連想配列を作るときにセットすることもできます。

```
> var sampleHashMap = { test : 11 };
< undefined
> sampleHashMap.test;
< 11
```

この変数に代入するときに{ key : value }の組み合わせでデータをすべて作ってしまう場合、この連想配列を特に**オブジェクトリテラル**と呼ぶことがあります。

さあ、連想配列を使ってテスト結果を表現してみましょう。

5時間目 より高度なデータのまとまり／関数の使い方

```
var examinationScores = {
  information : [
    59, 84, 77, 53, 41, 20, 42, 53, 55, 54,
    36, 48, 64, 70, 45, 54, 42, 50, 49, 53,
    68, 60, 66, 57, 52, 55, 82, 61, 51, 43,
    57, 65, 81, 63, 45
  ],
  english : [
    60, 69, 56, 65, 61, 43, 65, 52, 59, 61,
    51, 51, 68, 68, 45, 64, 49, 60, 59, 55,
    52, 60, 59, 48, 56, 55, 67, 63, 54, 36,
    50, 55, 63, 50, 50
  ]};
examinationScores.information;    // 情報のテスト結果（の配列）
examinationScores.english;        // 英語のテスト結果（の配列）
```

Column 連想配列とハッシュ

　連想配列は**ハッシュ**と呼ばれることがありますが、英語では**Map**と呼ばれます。

　Mapは地図ではなく写像や集合を変換する数学のMapからの用語です。連想配列は「キーのまとまり」と「値のまとまり」をそれぞれ紐付けて管理しているデータ構造ですから、この構造を**マップ**と呼ぶのは自然ですね。

　一方のハッシュですが、これは連想配列の1つで中でも特に有名な**HashMap**（ハッシュマップ）からの用語です。HashMapはたくさんの複雑な値になってしまうキーを**ハッシュ関数**を使ってシンプルな数字**ハッシュ値**にすることで連想配列を実現しているためこのような名前になっています。

　ハッシュ値やハッシュ関数はプログラムの別の場面でも使います。特にセキュリティに関わるプログラミングでは必ずといっていいほど出てくるので、何を表しているのかよく考えて気をつける必要があります。

5-1-5 ● データ構造の見直し

　今のデータ構造は個人ごとに結果を処理したい時であっても、examinationScores全体を受け取らないと確認できません。つまり、個人ごとにテスト結果を扱うのが難しい構造になっています。

　これは、元々、合計値や平均値を計算しやすいように作ったデータ構造をそのまま使っているからです。実現したいことが一回のテストの結果について合計や平均を求めるだけであればテスト結果を配列にまとめるほうが扱いやすく、優れた構造でしたが、複数の科目にまたがるテストの結果を処理するプログラムにするには不便な構造になってしまっています。

　データ構造はプログラムの目的に応じて、適切な構造が変わります。作ろうとするプログラムをよく考えてデータ構造を設計するのもプログラマの大切な仕事です。

　よい構造を一回で作るのはなかなか難しいものです。特にたくさんの機能を追加しようとしたり、大幅に機能を変更しようとしている時には、データ構造についても、今のままで本当によいのかよく考えるようにしましょう。

　今回の場合、テスト結果を個人テストごとに処理していくことになりそうですから、個人ごとのデータ構造を作ったほうがよさそうですよね。では直してみましょう。

```
var examinationScores = [
  { information : 59, english : 60 }, { information : 84, english : 69 },
  { information : 77, english : 56 }, { information : 53, english : 65 },

      :
      :
      :

  { information : 81, english : 63 }, { information : 63, english : 50 },
  { information : 45, english : 50 }
];
examinationScores[0]; // 出席番号1番の人のテスト結果（の連想配列）
examinationScores[0].information; // 出席番号1番の人の情報のテスト結果
```

　このテスト結果の連想配列を全部作っていくのは大変なので、連想配列を作る関数を作って省力化しておきましょう。

5時間目 より高度なデータのまとまり／関数の使い方

リスト5.1 オブジェクトリテラルを作る関数と成績データ

```
function score(informationScore, englishScore) {
  return { information : informationScore, english : englishScore };
}

var examinationScores = [
  score(59, 60), score(84, 69), score(77, 56), score(53, 65),
  score(41, 61), score(20, 43), score(42, 65), score(53, 52),
  score(55, 59), score(54, 61), score(36, 51), score(48, 51),
  score(64, 68), score(70, 68), score(45, 45), score(54, 64),
  score(42, 49), score(50, 60), score(49, 59), score(53, 55),
  score(68, 52), score(60, 60), score(66, 59), score(57, 48),
  score(52, 56), score(55, 55), score(82, 67), score(61, 63),
  score(51, 54), score(43, 36), score(57, 50), score(65, 55),
  score(81, 63), score(63, 50), score(45, 50)
];
```

このデータ構造は先の利用法と同じように使えます。

```
examinationScores[0];               // 出席番号1番の人のテスト結果（の連想配列）
examinationScores[0].information;   // 出席番号1番の人の情報のテスト結果
```

これを使った集計処理を単純に反復処理だけで書くとこうなります。

リスト5.2 集計処理を行う別々の関数

```
function sumInformationScore(scores) {
  var total = 0;
  for (var index = 0; index < scores.length; index++) {
    total += scores[index].information;
  }
```

（次ページに続く）

（前ページの続き）

```
  return total;
}

function sumEnglishScore(scores) {
  var total = 0;
  for (var index = 0; index < scores.length; index++) {
    total += scores[index].english;
  }
  return total;
}
```

同じような関数が2つ、科目数が増えれば科目数分必要になってしまいます。次はこれをどうにかする方法を説明します。

5-2 関数をもっと活用する

5-2-1 ● 関数型の変数

ここまで、変数に配列や連想配列を代入できるという説明をしてきましたが、実は変数に関数を代入することもできるのです。

```
> function sampleFunction(message = 'test') { return message };
< undefined
> var functionVar = sampleFunction;
< undefined
> functionVar();
< "test"
> functionVar('hoge');
< "hoge"
> functionVar;
< function sampleFunction()
```

関数を変数で使う際のポイントは以下のとおりです

- 変数に関数を代入するには「()」を付けずに関数名だけを指定する
- 関数を格納している変数は変数名の後ろに「()」を付けて書くことで格納している関数を呼び出す
- 格納されている関数が引数を受け取る場合、変数名の後ろの「()」の中に関数に渡したい値を書く

5-2-2 ● 関数型の引数

関数は変数に代入できるだけでなく、引数や返り値としても使えます。

```
> function callTarget(target) { return target(); };
< undefined
> function returnSomeString() { return 'Sample'; };
< undefined
> function returnSomeFunction() { return returnSomeString; };
< undefined
> callTarget(returnSomeString);
< "Sample"
> returnSomeFunction();
< function returnSomeString() { return 'Sample'; }
> returnSomeFunction()();
< "Sample"
```

最後の「returnSomeFunction()();」はreturnSomeFunction()が返してきた関数、つまりreturnSomeStringに()を付けて実行しています。

　sumInformationScoreとsumEnglishScoreとで異なるのは、scores[index]の連想配列のどの要素を計算対象にするかでした。ということは、scoreを受け取って計算対象の数字を返す関数を一緒に引数に渡してあげれば計算処理を同じものにできます。

リスト5.3 集計処理を行う関数のまとめかた

```javascript
function getInformationScore(score) {
  return score.information;
}

function getEnglishScore(score) {
  return score.english;
}

function calculateTotal(scores, getTarget) {
  var total = 0;
  for (var index = 0; index < scores.length; index++) {
    total += getTarget(scores[index]);
  }
  return total;
}
```

実際に使ってみましょう。

```
> calculateTotal(examinationScores, getInformationScore);
< 1955
> sumInformationScore(examinationScores);
< 1955
```

　これで科目が増えても、合算対象としてその科目の点数を返す関数を増やしてあげれば計算処理そのものは1つの関数にまとめることができます。

5-2-3 ● 関数式

　scoreの目的の項目を返すだけの関数をたくさん宣言するのは大変です。さらに楽に扱う方法はないのでしょうか？
　関数は関数宣言で定義する以外に、関数式によっても作ることができます。関数式

は関数宣言とまったく同じように書きます。

```
> var functionExpression =
    function getInformationScore(score) {
      return score.information;
    };
< undefined
```

関数式は式なので関数宣言とは異なり、どこでも使える関数が作られるわけではありません。代入された変数を使って関数を呼び出します。

```
> functionExpression;
< function getInformationScore(score)
> getInformationScore;
< Uncaught ReferenceError: getInformationScore is not defined
> calculateTotal(examinationScores, functionExpression);
< 1955
```

この関数式は、関数を引数に受け取る関数を呼び出す場合、引数を書くところにそのまま書くことができます。

```
> calculateTotal(examinationScores,
    function getInformationScore(score) {
      return score.information;
    });
< 1955
```

5-2-4 ● 無名関数

関数式を使う場合、関数の名前はほとんど意味がありません。ですから関数式の場合には名前を省略することができます。

```
> calculateTotal(examinationScores,
    function(score) {
      return score.information;
    });
< 1955
```

　関数型の変数、引数、返り値を扱う場合、無名関数を上手に使うことでソースコードを少し簡単にすることができます。

　さらに、ECMAScript 2015から無名関数をもっと簡単に宣言できる**アロー関数式**がサポートされるようになりました。アロー関数式では関数式の先頭にfunctionと書く代わりに、引数の宣言の後ろに `=>` を書くことで関数式を作ることができます。

```
> calculateTotal(examinationScores,
    (score) => {
      return score.information;
    });
< 1955
```

　アロー関数式では引数が1つだけの場合、引数の宣言も少し省略できます。引数が1つだけの場合に限り、`()`を省略することができるのです。

```
> calculateTotal(examinationScores,
    score => {
      return score.information;
    });
< 1955
```

　アロー関数式では処理が一行（「;」で区切る命令が1つだけ）の場合、「{}」と「;」も省略することができ、この時、returnを書かなくてもその行の結果が返り値になります。

```
> calculateTotal(examinationScores, score => score.information);
< 1955
```

だいぶ簡単になりましたね。

5-2-5●関数宣言と関数式

関数の新しい使い方を紹介しましたが、ここで両者の違いについても説明しておきましょう。

◆関数名と変数名

関数名と変数名はそれぞれ別のものです。関数式を代入された変数は関数式の関数を一時的に保持していますが、別の関数を代入することができます。

```
> var functionVar1 = () => '1st';
< undefined
> functionVar1();
< 1st
> functionVar1 = () => '2nd';
< undefined
> functionVar1();
< 2nd
```

関数式で付けた関数名は関数式の中で使うことができます。関数の外で使うことはできません。

```
> var functionVar1 = function function1() { console.log(function1); };
< undefined
> functionVar1();
  function function1();
< undefined
> console.log(function1);
< Uncaught ReferenceError: function1 is not defined
```

関数宣言で関数を作成すると、同時に関数名と同じ変数名の変数を作ります。ですが、作られてから先は変数なので、別の関数を代入することも可能です。

```
> function function1() { return '1st'; };
< undefined
> var function2 = function1;
< undefined
> function1 = function function2() { return '2nd'; };
< function function2();
> function1();
< "2nd"
> function2();
< "1st"
```

◆ スコープの違い

前述のようにほとんど同じ関数宣言と関数式ですが、スコープは異なります。

関数宣言の場合その関数はスコープの範囲内で有効となります。つまり、関数宣言を行う前にその関数を利用するソースコードを書いてもきちんと動作します。

```
> function3();
  function function3() { return '3rd'; };
< "3rd"
```

関数式にはこのような性質は無く、関数式が実行されるまで関数は存在しません。

```
> var functionVar4;
  functionVar4();
  functionVar4 = () => console.log('3rd');
< Uncaught TypeError: functionVar4 is not a function
```

そして関数式の場合、その関数式が実行されたスコープを継承し、クロージャを作ります。この話は次の時間に詳しく説明します。

◆書き方によって違ってくる

関数名がある場合、関数宣言と関数式は完全に同じ見た目になります。両者の違いは「式の要素かどうか」と「関数以外の入れ子になっているかどうか」です。前の条件はすぐにわかりますが、後の条件はわかりにくく、このため関数宣言は意図せずに関数式になりやすいです。

```
> function declaredFunctionA() { console.log('1st'); }
  var varA = 0;
  if (varA <= 10) {
    function functionExpressionB() { console.log('2nd'); }
  }
```

declaredFunctionAは何の入れ子にもなっていませんので関数宣言として扱われます。functionExpressionBはif文の入れ子になっているため、関数式として扱われるルールになっています。

```
> (function functionExpressionC() { console.log('3rd'); })
```

このように単純に()でくくるだけでも関数式になってしまいます。

関数式を使うときにはそれが関数式であると誰にでもわかるよう、関数名を省略する書式を使うとよいでしょう。

関数宣言が関数式になってしまうと、前方参照ができなくなってしまいます。プログラムの修正で意図せず関数式になってしまうと、それまで前方参照で動いていたプログラムがエラーを出すようになってしまうので、そのような場合には関数式の実行後に呼び出されるように修正した上で、関数名を省略した書式に書きかえて、誰が見ても関数式であるとわかるようにしましょう。

◆同じ名前を付けた場合の動作

以下のソースコードを見てみましょう。関数宣言と関数式でそれぞれsameNameFunctionを作っています。また、関数式と関数宣言で関数を作る前後でこの関数を呼び出してもいます。

```
> sameNameFunction();
  sameNameFunction = () => console.log('1st');
  sameNameFunction();
  function sameNameFunction() { console.log('2nd'); }
  sameNameFunction();   // 入力はここまで、この下はプログラムの出力です
  2nd
  1st
  1st
< undefined
```

このプログラムの挙動ですが、まずスコープ中の関数宣言が処理されます。つまり関数宣言に基づいて関数 sameNameFunction が作られます。そして、最初の行の呼び出しが処理され、関数宣言の中のソースコードが実行されて2ndが表示されます。そのあと、sameNameFunctionには関数式で作られた関数が代入されます。そのため、関数式の実行後に呼び出されるsameNameFunctionは1stを出力します。関数宣言は最初に処理されているため、関数宣言の呼び出し後にsameNameFunctionを呼び出しても中身は変わらず、関数式で作られた関数が実行され、1stが出力されます。

関数式を代入する変数 sameNameFunctionをvarを使って宣言していませんが、function sameNameFunction()という関数宣言がsameNameFunctionという変数をvarで宣言するのと同じように作るので問題ありません。

5-2-6 ◉ 関数式と配列を組み合わせて使う

実は配列には関数式を引数に受け取って配列の要素を処理してくれる便利な関数がいくつかあります。ここでいくつか紹介しましょう。

◆ forEach

forEach関数は名前にforが含まれているように、for文相当の処理を行ってくれる関数です。個々の要素は引数に渡した関数に引数として渡されるので、ちょうどfor文の中に書く処理をそのまま書くことができます。

```
> var total = 0;
< undefined
> examinationScores.forEach(score => total += score.information);
< undefined
> total;
< 1955
```

◆ map

map関数も同様に個々の要素を引数に渡した関数に引渡し、処理を行いますが、引数に渡した関数の返り値を詰めた新しい配列を作ってくれます。

```
> var average = 56;  // 1955 / 35 = 55.8...
< undefined
> examinationScores.map(score => score.information - average);
< [3, 28, 21, -3, -15, -36, -14, -3, -1, -2, -20, -8, 8, 14, -11, -2,
-14, -6, -7, -3, 12, 4, 10, 1, -4, -1, 26, 5, -5, -13, 1, 9, 25, 7, -11]
```

◆ filter

filter関数も同様に新しい配列を作ることができますが、新しい配列の要素は元となった配列の各要素の内、引数に渡した関数がtrueを返したもののみが含まれます。元の要素をフィルターを通して通ったもののみを集める関数です。

```
> var sampleArray = [2, 3, 5, 7, 11, 13];
< undefined
> sampleArray.filter(value => value > 10);
< [11, 13]
```

このように配列と無名関数を組み合わせると、色々なことが簡単にできます。

◆ **reduce**

reduce は配列の全要素に関数を適用して、1つの結果を得る（例えば全部の要素を足し合わせる）場合などに使われる関数です。

reduce に渡された関数は2つのパラメータを受け取ります。最初は配列の最初の2つの要素を受け取り、2回目からは関数の最初の返り値と次の要素、2回目であれば3つ目の要素を受け取ります。

次の例を見てください。

```
> var sampleArray2 = [1, 2, 3, 4, 5, 6];
< undefined
> sampleArray2.reduce((previousValue, currentValue) => previousValue + currentValue);
< 21
```

配列の要素が6個なのでreduceに渡した関数「(previousValue, currentValue) => previousValue + currentValue」は5回呼ばれます。previousValue と currentValue はそれぞれ**表5.1**の値になります。

表5.1 初期値のないreduce処理の流れ

回数	previousValue	currentValue
1	1（1つ目の要素）	2（2つ目の要素）
2	3（1回目の返り値）	3（3つ目の要素）
3	6（2回目の返り値）	4（4つ目の要素）
4	10（3回目の返り値）	5（5つ目の要素）
5	15（4回目の返り値）	6（6つ目の要素）

reduceには2つ目の引数に初期値を渡すことができ、その場合previousValueとcurrentValueはそれぞれ以下の値になります（**表5.2**）。

```
> sampleArray2.reduce((previousValue, currentValue) => previousValue + currentValue, 100);
< 121
```

表5.2 初期値のあるreduce処理の流れ

回数	previousValue	currentValue
1	100（初期値）	1（1つ目の要素）
2	101（1回目の返り値）	2（2つ目の要素）
3	103（2回目の返り値）	3（3つ目の要素）
4	106（3回目の返り値）	4（4つ目の要素）
5	110（4回目の返り値）	5（5つ目の要素）
6	115（5回目の返り値）	6（6つ目の要素）

全要素に関数を適用するという意味に忠実なので、初期値を渡す使い方のほうが動きを理解するのにはよいかもしれません。

このreduceを使うことで合計値の計算はずっと簡単になります。

```
> var total = examinationScores.reduce((previous, current) => previous += current.information, 0);
< undefined
> total;
< 1955
```

確認テスト

Q1 以下の商品の名前に対して価格を持っている連想配列fruitsを作ってみましょう。

表A　商品と価格

商品	価格
banana	100
grape	400
kiwiFruit	90
lemon	100
orange	100
plum	300

Q2 Q1で作った連想配列fruitsのgrapeの価格を読みだしてconsole.logを使って表示してみましょう。

Q3 以下の関数を変数targetFunctionに代入して、呼び出してみましょう。

```
function helloEn() {
  console.log('Hello, world!');
}
```

Q4 targetFunctionに「こんにちは、世界」と表示する関数を関数式で作って代入し、呼び出してみましょう。

Q5 「Hello, world!」と表示する関数を作って返すgenerateHelloを作成し、作られた関数を呼び出してみましょう。

6時間目 プログラムを整理する

この時間では、プログラムを簡単でわかりやすく保つための様々な方法を学びます。データについては変化しないデータのありがたさや、その作り方、また、変数のスコープをコントロールする方法について学びます。一方で、プログラムを整理する方法として名前空間の使い方とモジュールの使い方についても学んでもらいます。

今回のゴール

- データを変更できないようにする方法を学ぶ
- 変数のスコープを区切る方法を学ぶ
- プログラムを大きなグループでまとめる方法を学ぶ

6-1 変わらないデータを活用する

　たくさんの状態、たくさんのデータを取り扱うプログラムは少ない状態、少ないデータを取り扱うプログラムより複雑で問題を起こしやすくなります。できれば問題が起きにくいプログラムにしたいですよね？

　Webページの裏側で動くような小さなJavaScriptのプログラムであれば、ほとんど何の工夫もしなくても十分どこでどのような処理をしているのかわかり、修正したり機能を追加することも簡単でしょう。ですが、作るプログラムが大きくなっていくにつれ、何もしないでいると「どこで処理しているのか」を探したり、「どのように処理しているのか」を理解するのでさえ難しくなってしまいます。

　この時間と次の時間で、プログラムの中でどのようにしてプログラムをシンプルでわかりやすいようにするのかを説明していきます。

6-1-1◉定数を使う

　データが複雑さを増やすのはそれが様々な値になったり、元々様々な値だったりするからです。

　例えば、出力先をconsole.logとalertから選べるプログラムの場合、それぞれの場合に応じたソースコードを書かなければいけません。あるいは、連続する数字の奇数だけを合計するプログラムでは、データの一部が偶数である可能性があり、そのための場合のソースコードを書かなければいけません。つまり、種類が多かったり、プログラム中で変化するデータが多いと複雑なプログラムになってしまうのです。

　一方で、プログラムを作った時からずっと変わらない値もあります。前の時間に紹介した定数はその代表です。

　定数はソースコードの意味を明確にする、読みやすくするために変数を使っているだけで、実際にはプログラムが動いている最中に変わらないデータです。このようなデータはプログラムをそれほど複雑にしません。

6-1-2◉不変のオブジェクトリテラルを使う

　テスト結果のデータはどうでしょう？　間違いなく採点され、入力されていれば変わりません。採点や入力は今回作成しているプログラムの前の段階の処理ですから、プログラムの処理中、合計や平均を計算している最中には変わらないデータと考えて問題なさそうです。

　このようなデータは変更しないというポリシーで扱っていくのがよいのですが、多人数で開発する場合には、プログラムをより安全にするためにもう少し手をかけてデータを変更できなくする場合があります。

　そのような場合には、まず**Object.freeze**を使うことを検討しましょう。オブジェクトの詳細は次の時間に説明しますが、Object.freezeは対象となるオブジェクトのプロパティの追加、削除、変更を禁止することができます。

　これとオブジェクトリテラル（連想配列のうちで、連想配列の作成時にキーと値が決まっているもの）を組み合わせると値が不変のオブジェクトリテラルを作成することができます。

6時間目 プログラムを整理する

書式

```
var [連想配列の名前] = Object.freeze({
    [キーの名前]: [値],
    [キーの名前]: [値]
});
```

では変更できないscoreを作ってみましょう（**リスト6.1**）。

リスト6.1 オブジェクトリテラルを不変にする

```javascript
function score(informationScore, englishScore) {
  return Object.freeze({
    information: informationScore,
    english: englishScore
  });
}
```

freezeしてからオブジェクトリテラルを返しているので、これで値の追加、削除、変更ができなくなりました。

```
> var sampleScore = score(50, 60);
< undefined
> sampleScore.information;
< 50
> sampleScore.information = 80;
< 80
> sampleScore.information;
< 50
```

エラーにならないのでちょっと挙動が怪しくなりますが、データを守ることができています。

6-1-3◉オブジェクトリテラルの一部を固定する

　プログラムが大きくなってくるとオブジェクトリテラル全体を固定できなくなる場合があります。変えられる値と変えられない値が混在するようになった場合、**accessorプロパティ**を使います。accessorプロパティをオブジェクトリテラルと組み合わせて使うことで不変データの安全を確保できます。

書式

```
var［連想配列の名前］= {
    get［キーの名前］() {［値の取得方法］},
    set［キーの名前］() {［値のセット方法］}
};
```

　このうちgetだけを使って、Scoreの各値を変更できなくしてみましょう（**リスト6.2**）。

リスト6.2 値のセットを行えなくする

```
function score(informationScore, englishScore) {
  return {
    get information() { return informationScore; },
    get english() { return englishScore; }
  };
}
```

　setの方法を定義していません。これで、値が変更できなくなります。

```
> var sampleScore = score(50, 60);
< undefined
> sampleScore.information;
< 50
> sampleScore.information = 80;
< 80
> sampleScore.information;
< 50
> sampleScore.newField = 40;
< 40
> sampleScore.newField;
< 40
> sampleScore.newField = 30;
< 30
> sampleScore.newField;
< 30
```

このように部分的に制限できます。

6-2 データ構造設計の初歩

　プログラムをシンプルに保つためにはプログラムが扱いやすいデータ構造を考えることが大事です。どうしたら、プログラムが扱いやすいデータになるでしょうか？
　最初の手がかりとしてプログラムが扱うデータを「表にして整理してみる」ことをおすすめします。表は重要なヒントになります。
　プログラムでは反復処理によってデータのまとまりの中の1つのデータを、それぞれの処理を行う関数の引数に渡して処理してもらう、という構造になることが多いのですが、表に整理してみると、各行に1つのデータの候補となるデータがまとまることになるからです。また、各列にはそのデータを連想配列で表すときの項目の候補となるものがあらわれています。
　個々の処理で扱うデータ構造はこれでおおまかに作れます。次に、複数の行がまとまっている列、あるいは同じデータが連続して入っている列に注目しましょう。その

ような列は、例えば1-Aのようなクラスであったり、性別のような項目であったりするでしょう。テストの内容が異なるデータを比較しても仕方がありませんから、前者はデータをまとめる単位に採用できそうですね。一方の後者は、プログラム中で簡単に取り扱えるように、定数かオブジェクトリテラルとして作っておくとよさそうです。

すでに現実のデータが表計算ソフトのシートに整理されているかもしれません。もしもまだ無ければ、最初に作ってしまいましょう。データ構造を考える手助けになります。

なお、この方法は本格的なデータ設計の前のステップとして、簡単にできるものとして考案されたものです。より優れたプログラマを目指す段階になったら、データ設計についてもきちんとした手法を学んでください。

6-3 関数を活用する

次に処理のかたまりを関数にまとめることを考えましょう。何の処理を行う関数かをきちんと名前で明示している関数は、「どこで処理しているのか」の優秀な索引となるだけではなく、ソースコード全体の見通しをよくする働きもあります。

最初のうちは「同じ処理を2回書いたら関数にする」のと「処理のまとまりを関数にする」ことを意識してやってみてください。

作成したそれぞれの関数はしばしば徐々に複雑になっていきます。複雑になってきた関数は**4時間目**でもやったように、1つの機能だけを実現するように分割することを心がけてください。

6-3-1 ● よい関数の目安

よい関数を作るのは難しいので、いくつかの目安も書いておきます。

◆1つの機能だけを実現する関数

1つの機能だけを実現する関数や関数で複数の関数を使って1つの機能を実現している関数もよい関数となります。

```
function calculateTotal(scores, getTarget) {
  return scores.reduce((previous, current) => previous +=
getTarget(current), 0);
}

function calculateAverage(scores, getTarget) {
  return calculateTotal(scores, getTarget) / scores.length;
}
```

calculateTotalは合計値を計算する機能だけを持つ関数です。calculateAverageはcalculateTotalを使っていますが、平均値を計算する機能だけを持つ関数です。これらはどちらも最もよい水準の関数と言えます。

◆あるデータに対する処理をまとめている関数

例えばクラスごとの集計として合計と平均が必要な場合、calculateTotalとcalculateAverageの両方を呼び出して実現することになるでしょう。これは計算としては2つの処理を行うことになります。では関数にしないほうがいいのでしょうか？ そうではありません。クラスごとの集計を行うという1つの機能に対して関数を作っているからです。

これらの関数を別々に呼び出すことはまとめて呼び出せるようにすることに対し、手間が増えるだけで意味がありません。あるデータのまとまり、かつそのまとまりが複数ある場合に、そのひとつひとつに対する処理をまとめるのはソースコード全体の見通しをよくするためには必要なことです。

このようなまとまりを見やすく作るにはそれぞれの関数を階層つきの箇条書きにして階層を整えてください。

- あるテストのテスト後処理
  - **クラスごとの集計の作成**
    - 合計
    - 平均
  - **補習者のリストアップ**
    - 英語補習者のリスト作成
    - 情報補習者のリスト作成
    - 数学補習者のリスト作成

このように行う処理を箇条書きにし、それぞれの階層に同じような細かさの処理を置いて整理してあげると、ソースコード全体の見通しも箇条書きのリストと同じように見通しがよくなります。

◆引数に渡される内容を変更しない関数

例えば、配列のundefinedな要素を「0」で埋めてくれる関数fillArrayを作ったとします。

```javascript
function fillArray(target) {
  for (var i = 0; i < target.length; i++) {
    if (!target[i]) {
      target[i] = 0;
    }
  }
}
```

この関数は引数に受け取った配列の中身を書きかえている関数です。

このように関数が受け取った変数を変更する場合があると、どこでその変数の値が最終的に決められたのか、プログラム中を探し回って特定する必要ができてしまいます。それに対して、引数の変更を行わない関数だけを使っている場合には、変数の代入箇所を探せば、どうしてその値になったのか調べがつきます。後から調査する時に、引数を変更しない関数が多いほど調査は楽になります。

◆同じ引数に対して同じ結果を返す関数

あたりまえのように聞こえるかもしれませんが、プログラムを作っているとしばしば、（引数以外の）変数の値によって処理が変わり、引数が同じであっても返す値が異なる関数ができてしまいます。

引数に対して結果が同じ関数は、引数を変えてテストを行えば良いのですが、このような関数をテストするには、まずどの変数によって処理が変わるのかを突き止め、その変数が取りうる値についても変化させながらテストしなければなりません。関数の外から見えていない引数がある状態になってしまっていて、かつ、その引数は関数の中身を読みとかないとわかりません。できるだけ作らないようにしましょう。

6-3-2 ◉再帰を使ってシンプルにする

次にちょっと難しい**再帰**というテクニックに触れます。JavaScriptでは使える場面が制限されるものですが、関数を上手に使いこなすには覚えておいて欲しいテクニックです。

まずは、**4時間目**に作った合計値を計算する関数をもう一度見てみましょう。

```
function sum(rangeFrom, rangeTo) {
  var total = 0;
  for (var counter = rangeFrom; counter <= rangeTo; counter++) {
    total += counter;
  }
  return total;
}
```

この関数ではcounterとtotalという2つの変数を使っています。必要な変数に見えるかもしれませんが、再帰を使うとこの2つの変数を使わなくても同じ計算ができるようになります。

再帰は自分自身を呼び出す関数利用のテクニックです。どういうことでしょう？ まずは、関数をシンプルにするために、1から10までの合計値を求める計算というのを見直してみましょう。この計算は式で書くと次のようになります。

```
(1 + 2 + 3 + 4 + 5 + 6 + 7 + 8 + 9 + 10);
```

これは1から9までの合計値に10を足すのと同じですね。

```
((1 + 2 + 3 + 4 + 5 + 6 + 7 + 8 + 9) + 10);
```

この構造を1まで全部に適用するとこうなります。

```
(((((((((1) + 2) + 3) + 4) + 5) + 6) + 7) + 8) + 9) + 10);
// (((n) + n + 1) + ...)
```

計算式としては複雑にしただけに見えますが、二行目に書いたように、今の値に次の値での計算結果を足し合わせる処理の入れ子構造になっていることがわかると思います。再帰は自分自身を呼び出す処理なので、このような入れ子構造を上手に探し出す必要があります。

この計算式をsumで実現してみましょう。関数全体は今の値に次の値での計算結果を足し合わせるようにします。つまり関数sumの中でsumを呼び出します。

```
function sum(rangeFrom, rangeTo) {
  return sum(rangeFrom, rangeTo - 1) + rangeTo;
}
```

そして、rangeFromとrangeToが等しい値のとき、例で言えば10同士の時にはrangeToを返します（**リスト6.3**）。

リスト6.3 再帰処理を使ったsum関数

```
function sum(rangeFrom, rangeTo) {
  if (rangeFrom === rangeTo) {
    return rangeTo;
  } else {
    return sum(rangeFrom, rangeTo - 1) + rangeTo;
  }
}
```

この分岐処理を忘れないでください。再帰は反復処理と同じでこれを忘れると無限ループになります。

さて、この変更でsumからcounterとtotalの2つの変数が無くなりました。変数が少ないほうが問題を起こしにくいということから言えば、この関数はよりよい関数と言えます。

ただし、JavaScriptでは常に再帰にするのが正しいわけではありません。JavaScriptではこの再帰呼び出しは、ある程度の回数以上行われるとエラーになってしまうからです。著者の手元の環境で試したところ、今回の関数であれば1から2000までの合計であればだいたいエラーになりませんでしたが、3000回ともなるとエラーになってしまいます。反復回数の多い処理をこのように書きかえると危険なので、注意してください。

6-3-3 ◉ 無名関数と再帰

関数式であっても再帰は使えます。この場合、関数式を代入した変数名と関数式で宣言した関数名のどちらを使っても問題ありません。

```
var sample = function sum(rangeFrom, rangeTo) {
  if (rangeFrom === rangeTo) {
    return rangeTo;
  } else {
    return sum(rangeFrom, rangeTo - 1) + rangeTo;
//    return sample(rangeFrom, rangeTo - 1) + rangeTo;   変数名でも構いま
せん
  }
};
```

無名関数の場合、名前が無いため自分自身を名前で呼び出せません。きちんと名前をつけましょう。

6-4 スコープを活用する

次に大切になってくるのがスコープの活用です。変数のスコープを小さくすることはある時点で使う変数の数を少なくし、ソースコードをシンプルにし、問題を起こしにくくできます。

Column: Tail Calls

再帰の繰り返し回数に限界があるという問題に対応できているJavaScriptの実行環境もあります。ECMAScript 2015ではTail Callsと表現されている機能です。Tail Callsに対応した環境では、末尾再帰にすることでどれだけ大きな回数の再帰処理でもエラーにならずに処理できます。

末尾再帰というのは、再帰呼び出しを行った側が呼び出した結果をそのまま返り値として返すだけの再帰呼び出しです。

今のソースコードはrangeToを呼び出した結果に加えて返り値を作る必要があるため、末尾再帰になっていません。この関数を末尾再帰にするにはそこまでの計算結果を保持するtotalを引数として復活させる必要があります。

```
function sum(total, rangeFrom, rangeTo) {
  'use strict';  // 関数レベルのstrict mode指定。ECMAScript 2015は
strict modeでないとTail Callsの最適化を行いません。
  if (rangeFrom === rangeTo) {
    return total + rangeTo;
  } else {
    return sum(total + rangeTo, rangeFrom, rangeTo - 1);
  }
}
```

なお、もしもsum関数をすでに他の人にも使える状態にしている場合、使っている人が困ってしまうため引数を変えるべきではありません。このような場合、内部関数を使って処理してあげるとうまく実装の変更を隠せます。内部関数の詳細は次に解説しますが、このようなところで使うこともできる、ということを覚えておいてください。

```
function sum(rangeFrom, rangeTo) {
  function tailCallSum(total, rangeFrom, rangeTo) {
    'use strict';  // 関数レベルのstrict mode指定。ECMAScript 2015は
strict modeでないとTail Callsの最適化を行いません。
    if (rangeFrom === rangeTo) {
      return total + rangeTo;
    } else {
      return tailCallSum(total + rangeTo, rangeFrom, rangeTo - 1);
    }
  }
  return tailCallSum(0, rangeFrom, rangeTo);
}
```

6-4-1 ● 関数とスコープ

スコープを作るには関数を使います。再帰を使う前のsum関数を見てみましょう。

```
function sum(rangeFrom, rangeTo) {
  var total = 0;
  for (var counter = rangeFrom; counter <= rangeTo; counter++) {
    total += counter;
  }
  return total;
}
```

total変数はsumの中だけで有効な変数です。つまり、この関数の外で変更されたり、参照されたりする心配はありません。

このようにプログラム実行中に値が変わる変数は、上手に関数の中に置いて、変更している場所を見つけやすくするとソースコード全体の見通しがよくなります。

6-4-2 ● 関数の中の関数

関数の中で関数を宣言すると、内側で宣言した関数はその外側の関数のスコープの中にあるため、その外側の関数からしか使えません。

```
> function calculateAverage(scores, getTarget) {
    function insum(scores, getTarget) {
      var total = 0;
      for (var index = 0; index < scores.length; index++) {
        total += getTarget(scores[index]);
      }
      return total;
    }
    return insum(scores, getTarget) / scores.length;
```

（次ページに続く）

（前ページの続き）

```
  }
< undefined
> calculateAverage(examinationScores, score => score.information);
< 55.857142857142854
> insum(examinationScores, score => score.information);
< Uncaught ReferenceError: insum is not defined
```

合計値も計算したい場合、insumのように関数内で関数を作ると困りますが、関数内の関数は外側の関数のスコープの中に入るので、外側の関数が使っている変数や引数が使えます。つまり、calculateAverageは**リスト6.4**のように書きかえることができきます。

リスト6.4 内部関数から外側の関数の変数を利用する

```
function calculateAverage(scores, getTarget) {
  function insum() {
    var total = 0;
    for (var index = 0; index < scores.length; index++) {
      total += getTarget(scores[index]);
    }
    return total;
  }
  return insum() / scores.length;
}
```

```
> calculateAverage(examinationScores, score => score.information);
< 55.857142857142854
```

6-4-3 ◉ クロージャ

　関数の中で作った関数は、外側の関数の変数や引数が使えました。では、関数の中で関数を作って返り値で外に渡した場合はどうなるのでしょうか？

```
> function outerFunction(message) {
    return () => message;
  }
< undefined
> var message1 = outerFunction('1st');
< undefined
> var message2 = outerFunction('2nd');
< undefined
> message1();
< "1st"
> message2();
< "2nd"
```

　このように、関数が作られた時の引数を引き継ぎます。これは変数でも同じです。

```
> function makeNewCounter() {
    var count = 1;
    return () => count++;
  }
< undefined
> var counter1 = makeNewCounter();
< undefined
> var counter2 = makeNewCounter();
< undefined
> counter1();
< 1
```

（次ページに続く）

（前ページの続き）

```
> counter1();
< 2
> counter2();
< 1
> counter1();
< 3
```

このように引数や変数といった環境を含んだ関数を**クロージャ**と呼びます。関数の中で関数式で作られる関数はクロージャになります。

message1やcounter1はそれぞれ戻り値として帰ってきたアロー関数と、そのアロー関数が利用している引数や変数、それら全部を持っているクロージャです。

なお、クロージャであってもその関数の引数は作ったときではなく、呼び出したときのものになります。

```
> function makeClosure(index) {
    return title => index + ' ' + title;
  }
< undefined
> var indexAndTitle1 = makeClosure('1st');
< undefined
> var indexAndTitle2 = makeClosure('2nd');
< undefined
> indexAndTitle1('JavaScript');
< "1st JavaScript"
> indexAndTitle2('JavaScript');
< "2nd JavaScript"
> indexAndTitle1('15H JavaScript');
< "1st 15H JavaScript"
```

このプログラムで、makeClosureの引数indexはそのまま、内部で作った無名関数に保存され変化していませんね？　一方のクロージャの引数、これは最終的に無名関

数の引数titleになりますが、こちらはそれぞれの関数を呼び出している時の引数が使われているのがわかると思います。

6-5 名前空間を作る

　スコープに近い役割の**名前空間**というものもあります。名前空間はある程度規模が大きくなり、他の人や組織が作ったプログラムと自分たちが作ったプログラムを一緒にして大きなプログラムを作るような場合に活用されます。

　このように大きなプログラムでは、気をつけないと変数名や関数名が同じになってしまうことがあります。本書では成績の合計を求めるのにcalculateTotalという関数を使ってきましたが、これがもし単純にsumという名前だったとしたら、同じ名前の2つの異なる関数ができてしまいます。このような場合、どういうことが起きるのでしょうか？

　同じ名前の関数は片方しか有効になりません。有効になるのは後から宣言した関数のほうです。

```
> function hoge() {
    return 'a';
  }
  hoge();
  function hoge() {
    return 'b';
  }
< "b"
```

　このため、別々のソースコードに同じ名前の関数があると、前のほうで宣言した関数を利用するつもりで書いたプログラムが動かなくなってしまいます。

6-5-1 ●JavaScriptの名前空間

　名前空間とは変数名や関数名などの名前が属するグループを作る機能です。多くのプログラミング言語では名前空間を作れるようになっていますが、JavaScriptでは専

用の機能が無いので、代わりに連想配列を利用して名前空間っぽいものを使うのがデファクトスタンダードになっています。

```
var com = {};
com.worksap = {};
com.worksap.number = {};
com.worksap.score = {};
```

これで4つの名前空間com、com.worksap、com.worksap.number、com.worksap.scoreを利用できるようになりました。

名前空間はプログラム中で同じものが付けられないように気をつけて付けなければいけません。そのため、自分が所属する組織（会社や学校）が保有しているドメイン名を逆順にしてつけ始め、その中のどういうグループのものであるかを分ける名前を続ける名前付け方式が推奨されています。

例えばWorksApplicationsという会社は'worksap.com'というドメイン名を所有しているので、com.worksapと始め、続けて数字に関するグループなのでnumberだとか、成績に関するグループなのでscoreだといったように名前をつけるのです。

ではこの名前空間の作成はどこでどのプログラムが行うのでしょうか？　名前空間はプログラムを別々に作って組み合わせるために使いたいのですが、これは別のプロジェクト、他の人が作ったプログラムだけでなく、以前に自分で作ったプログラムであっても混ぜられるようにしたいですね。それらのプログラムの中ではそれぞれの名前空間を使えないと困りますから、どこかでまとめて作るのでなく、それぞれが自分の名前空間を作るようにしましょう。

そうすると、以下の名前空間作成のプログラムが別々に書かれている状態になります。

```
> var com = {};          ①
  com.worksap = {};
  com.worksap.number = {};
  com.worksap.number.test = 100;
< 100
> var com = {};          ②
  com.worksap = {};
  com.worksap.score = {};
  com.worksap.score.test = 200;
< 200
> com.worksap.number.test;
< Uncaught TypeError: Cannot read property 'test' of undefined
> com.worksap.number;
< undefined
```

おや？　うまく動いてくれませんね。

　これはcom.worksap.scoreを作るために行うcomの作成②が、以前に作成したcom①を上書きしてしまうからです。

6-5-2 ● 名前空間のイディオム

　前述の問題を回避するため、JavaScriptでは**リスト6.5**のように||の短絡評価を使って名前空間を作成するのが定石となっています。

リスト6.5 名前空間を作るイディオム

```
var com = com || {};
com.worksap = com.worksap || {};
com.worksap.number = com.worksap.number || {};

var com = com || {};
com.worksap = com.worksap || {};
com.worksap.score = com.worksap.score || {};
```

undefinedを真偽値にキャストするとfalseを返すので、comが宣言されていない場合短絡評価と||が返す値のルールに従い後ろの{}が実行されて{}が返ります。comが宣言されている場合、comがそのまま返るので中身が変わりません。

com.worksap.numberとcom.worksap.scoreの両方がきちんと使えるか確認してみましょう。

```
> com.worksap.number.test = 100;
< 100
> com.worksap.score.test = 200;
< 200
> com.worksap.number.test;
< 100
```

6-5-3 ● 名前空間とクロージャ

名前空間はその属する変数、関数の作り方にもイディオムがあります。無名関数を作ってクロージャと組み合わせ、名前空間の中だけで使える変数、関数を作れるのです。

```
> var com = com || {};
  com.worksap = com.worksap || {};
  com.worksap.number = com.worksap.number || {};

  (function (namespace) {
    // 名前空間に属する変数
    namespace.test = 100;

    // 名前空間に属する関数
    namespace.sum = function(rangeFrom, rangeTo) {
      return tailCallSum(0, rangeFrom, rangeTo);
    }
```

（次ページに続く）

(前ページの続き)

```
    // 名前空間内だけで使える変数
    var privateVariable = 'only in namespace';

    // 名前空間内だけで使える関数
    function tailCallSum(total, rangeFrom, rangeTo) {
      'use strict';   // 関数レベルのstrict mode指定。ECMAScript 2015は
strict modeでないとTail Callsの最適化を行いません。
      if (rangeFrom === rangeTo) {
        return total + rangeTo;
      } else {
        return tailCallSum(total + rangeTo, rangeFrom, rangeTo - 1);
      }
    }
  })(com.worksap.number);
< undefined
```

これでcom.worksap.number名前空間に外から使えるsum関数を宣言することができました。そして、sumが使っている関数tailCallSumは名前空間の中だけでしか使えない関数になっています。

この関数sumを呼び出すにはこのように、名前空間までつけて呼び出してあげる必要があります。

```
> com.worksap.number.sum(1, 10);
< 55
```

tailCallSumが呼び出せないことも確認してみましょう。

```
> com.worksap.number.tailCallSum(0, 1, 10);
< Uncaught TypeError: com.worksap.number.tailCallSum is not a function
```

名前空間を使うイディオムで「namespace」とした引数は理解を助けるために長い名前を与えました。この引数にはイディオムの最後、無名関数を呼び出す時に渡している「com.worksap.number」が渡されてきます。これは連想配列でしたね。

この引数の名前には「$」や「_」などの簡単な記号を用いる場合が多く、本書実践編でも「_」を使っていきますが、それが何を表すかは最後の方、無名関数の呼び出しを行っているところを確認して把握してください。

6-5-4 ● モジュール

モジュールはプログラムをファイル単位で切り分けて、他のモジュール、つまり他のファイルのソースコードから活用できるようにする機能です。

ブラウザは画像ファイルなど、元々複数のファイルを読み込む機能があったので、ブラウザ上で動作するJavaScriptでは単純に複数のファイルを順番に指定して読み込ませる、という方法で対応がされていました。

ですが、名前空間を定義する習慣が根付く前に作られたJavaScriptプログラムでは、頻繁に名前の衝突が起きていました。その時には後から宣言されたほうが有効になると説明しました。つまり、ファイルの読み込み順番に依存したモジュール利用になってしまっていたのです。

また、自分だけが使うつもりで書かれた関数がみんなに使われるという問題もありました。そういう関数はしばしば変数への参照を持っていたりして正しく動く時と動かない時の差がわかりにくかったりもしました。

◆ RequireJS

モジュールの主要な機能については**RequireJS**というモジュール機能の端緒をつけたライブラリが参考になるでしょう。

- 他のファイルのプログラムを利用できるようになる
- 公開すると決めた関数だけが他の開発者から利用できるようになる
- ファイルの読み込みを非同期（ページ表示後にゆっくりと）行える

この3つの機能が提供されたことにより、モジュールは格段に使いやすいものとなりました。

- 利用される側

```
function canUse() {
  return console.log('利用できます');
}
function canNotUse() {
  return console.log('利用できません');
}
define(function() {
  return {
    canUse: canUse
  };
});
```

- 利用する側

```
require(['sampleModule'], function(SampleModule) {
  SampleModule.canUse();
});
```

　非同期で実行するため、モジュールを読み込んだ後に実行するプログラムを無名関数の形で書いてあげる必要があります。また、読み込んだ関数の連想配列は、無名関数の引数に渡ってくるので、モジュール名をきちんと引数名に取り入れてあげれば名前空間のようにどのモジュールの関数を使っているのか明示できます。

◆ **CommonJS**

　RequireJSは非同期の読み込みを機能として持っていましたが、別にもう一つ、同期読み込みを中心に発展してきたのが **CommonJS** 系のモジュールです。
　CommonJSはECMAScriptとは別の標準仕様として考えられたもので、実際に動作するものではなく、その仕様の策定も長らく停滞しているのですが、モジュールについて取りまとめたため、今でも読み込んで使えるものをCommonJSモジュールと呼んだり、モジュール化することをCommonJS化すると呼んだりする重要なキーワードです。
　CommonJSではmodule.exportsに追加する形で外部から利用できるものを指定することになっていました。

```
module.exports.canUse = function() {
  return console.log('利用できます');
}
function canNotUse() {
  return console.log('利用できません');
}
```

利用する側はrequireという関数を使って読み込んで使うことになっていました。

```
var SampleModule = require('./sampleModule.js');
SampleModule.canUse();
```

◆**Node.js**

Node.jsはこれまで説明してきたのとは少し異なり、サーバ側で動作するプログラムを動かすためのプラットフォーム、サーバ上にあるブラウザのようなものです。ブラウザだけで使っていたJavaScriptを他の場面でも活用していこうという流れの中で生まれました。本書ではあまり深くはふれませんが、CommonJSのモジュール機能を積極的に活用し、広めたためキーワードとしてあげておきます。

Node.jsでも外部のプログラムから使ってもらって構わない関数や変数をmodule.exports変数に追加します。

```
function canUse() {
  return console.log('利用できます');
}
function canNotUse() {
  return console.log('利用できません');
}
module.exports = {
  canUse: canUse
};
```

一方で、利用する側は利用したいファイルをrequire()で読み込みます。

```
var SampleModule = require('./sampleModule.js');
SampleModule.canUse();
```

◆Browserify

　Node.jsのライブラリが充実してくると、今度は同じJavaScriptで動くブラウザ上でもこれらのライブラリの機能を使いたいという要望も高まって来ました。その結果作られたのがBrowserifyというライブラリです。

　このライブラリはプログラムを書き終えた後、実際にブラウザで動かす前に実行するプログラムです。このライブラリを実行すると、プログラム中に書かれたrequire命令を読み解いて、必要なモジュールを元のJavaScriptプログラムに取り込んで動作するようにしてくれます。つまり、JavaScriptプログラムを書き換えてしまうライブラリです。

◆ECMAScript 2015

　ECMAScript 2015からは正式にモジュールを使うことができるようになりました。
　これはexportとimportのペアでできています。外部のプログラムから使っても構わない関数（関数をデータに持っている変数）や変数にはキーワードexportをつけておきます。一方で、利用する側は利用したいファイルをimportで読み込みます。この仕組みの上ではexportを付けていない変数は、ちょうどスコープが異なる変数のように、外部のプログラムから参照したり変更することができません。

```
export function canUse() {
  return console.log('利用できます');
}
function canNotUse() {
  return console.log('利用できません');
}
```

　canUseとcanNotUseがファイルsampleModule.jsに書いてあるとすると、同じフォルダで作る他のプログラムからは以下のように読み込んでcanUse関数だけを使うこ

とができます。

```
import * as SampleModule from './sampleModule.js';
SampleModule.canUse();
```

上手に共有されるものをコントロールしましょう。

確認テスト

Q1 以下の関数fillArrayを修正して、引数で受け取ったtargetは変更せず、新しい配列を作って返すようにしましょう。

```
function fillArray(target) {
  for (var i = 0; i < target.length; i++) {
    if (!target[i]) {
      target[i] = 0;
    }
  }
}
```

Q2 最初の2項は1を返し、第3項以降は順に前2項の和を順番に返す関数をクロージャを使って作る、makeFibonacci関数を作ってみましょう。

Q3 Q2で作った関数をクロージャだけではなく再帰と内部関数を使って作る、makeFibonacci関数に修正してみましょう。

Q4 com.worksap.js15.chapter06名前空間を作ってみましょう。

7時間目 データと関数をまとめる

この時間では、これまで別々に説明してきたデータとプログラムについて、1つにまとめる方法を学びます。これで、ある「やりたいこと」に関わるデータとプログラムを1つにまとめることができるようになります。また、JavaScriptの中にすでに用意された、ひとまとまりのデータと処理のまとまりを紹介し、どのようにまとまり、どのように使われるのか体験してもらいます。

今回のゴール

- データと関数を1つにまとめる方法を学ぶ
- データと関数を1つにまとめながら、**6**時間目に学習した安全に取り扱う方法も活用する方法を学ぶ
- JavaScriptに標準で準備されているそのまとまりについて学ぶ

7-1 オブジェクトと雛形

　関数の中にはデータ構造と密接に結びついているものがあります。このような関数がどこからでも利用できる状態にあり、関数の数が増えていくと、それぞれの関数がどのデータを処理するものなのか、逆にそのデータを処理する関数がどこにあるのかといった事を、調べたり探したりするのが大変になっていきます。

　この問題に対処するためにデータのスコープを小さく絞り、そのデータを操作する関数もそのスコープ内に収めることで、データが操作されるスコープを限定するという考え方が生まれました。データと関数を1つにまとめて整理しようとする考え方ともいえます。このデータと関数のまとまりを**オブジェクト**と呼びます。

7-1-1◉データ構造と密接に結びつく関数

情報と英語のテスト結果を保存しているオブジェクトリテラルに数学と現代文のテスト結果を追加し、三科目合計を計算できるようにしてみます（**リスト7.1**）。

リスト7.1 不変のオブジェクトリテラルと合計する関数

```
function score(informationScore, englishScore, mathematicsScore,
japaneseScore) {
  return Object.freeze({
    information : informationScore,
    english : englishScore,
    mathematics : mathematicsScore,
    japanese : japaneseScore
  });
}

function major3Total(score) {
  return score.english + score.mathematics + score.japanese;
}
```

major3Totalは三教科の得点が変わらない限り同じ値を返すので、score作成時に作ってしまったほうがいいのですが、説明のためにここは関数で実現しています。この関数をデータと一緒にしてみましょう。

変数に関数を代入できることを思い出し、このように無名関数をmajor3Total[注1]にセットすればよさそうですが、残念ながらこのままでは動きません。

注1) major3Totalで計算する値をscoreの引数に変更、つまりenglishをenglishScoreなどにすると動作します。これはクロージャです。実際は、メソッドが1つだけのクラスであればクロージャを作ったほうが良いのですが、今回はオブジェクトの説明なので、プロパティにメソッドからアクセスする方法を説明しています。この時にはthisが必要です。

7時間目 データと関数をまとめる

```
function invalidScore(informationScore, englishScore, mathematicsScore, japaneseScore) {
  return Object.freeze({
    information : informationScore,
    english : englishScore,
    mathematics : mathematicsScore,
    japanese : japaneseScore,
    major3Total : function() {
      return english + mathematics + japanese;
    }
  });
}
```

実際に使ってみるとエラーになります。

```
> var sampleScore = invalidScore(61, 53, 59, 47);
< undefined
> sampleScore.major3Total();
< Uncaught ReferenceError: english is not defined
```

　このような場合には**this**というキーワードを使う必要があります。thisはJavaScriptの特別なキーワードで、このようにオブジェクトに関数を紐付ける時などに使います。この時、thisはメソッドを持っているオブジェクトを表すので、.に続けてプロパティ名を書くことで、オブジェクトのプロパティを読み書きできるようになります（**リスト7.2**）。

リスト7.2 メソッドからプロパティを利用する方法

```javascript
function score(informationScore, englishScore, mathematicsScore,
japaneseScore) {
  return Object.freeze({
    information : informationScore,
    english : englishScore,
    mathematics : mathematicsScore,
    japanese : japaneseScore,
    major3Total : function() {
      return this.english + this.mathematics + this.japanese;
    }
  });
}
```

```
> var sampleScore = score(61, 53, 59, 47);
< undefined
> var sampleScore2 = score(50, 50, 50, 50);
< undefined
> sampleScore.major3Total();
< 159
> sampleScore2.major3Total();
< 150
```

　これでmajor3Totalをデータと紐付けることができました。同じ関数から作ったsampleScoreとsampleScore2がきちんと別のものになっていることに注目してください。なお、オブジェクトの中のデータを**プロパティ**、紐付いている関数を**メソッド**と呼びます。major3Totalはメソッドになります。

> **Column** 連想配列とオブジェクト

JavaScriptではオブジェクトと連想配列として紹介した{}が似ているように見えますが、実は同じものです。

JavaScriptの連想配列は連想配列として扱うのに注意しなければならない点がありますが、それはオブジェクトの性質によるものです。つまり、JavaScriptではオブジェクトを連想配列として共用しているため、オブジェクトが必ず持っているプロパティはキーとして使えませんし、キーや要素の一覧を取得するのが不便だったりします。

ECMAScript 2015で正式に連想配列Mapがサポートされるようになりましたが、文法的に{}がシンプルであることや、不変のMapがサポートされていないなどの機能不足から、まだまだ{}を使うプログラムも多いでしょう。気をつけて使ってください。

7-1-2 ● オブジェクトの雛形

前述の作り方ではmajor3Total関数がscoreを作るたびに作り直されてしまいます。major3Total関数が同じものでないことは、関数同士を比較することで簡単に確認できます。

```
> sampleScore.major3Total === sampleScore2.major3Total;
< false
```

これを同じものにするには**リスト7.3**のようにscoreを作り直します。

リスト7.3 同じ関数をメソッドに登録する方法

```
function major3Total() {
  return this.english + this.mathematics + this.japanese;
}
```

（次ページに続く）

（前ページの続き）

```
function score(informationScore, englishScore, mathematicsScore, japaneseScore) {
  return Object.freeze({
    information : informationScore,
    english : englishScore,
    mathematics : mathematicsScore,
    japanese : japaneseScore,
    major3Total : major3Total
  });
}
```

このように外部に関数を宣言してそれを紐付けてあげる必要があります。

```
> var sampleScore = score(61, 53, 59, 47);
< undefined
> var sampleScore2 = score(50, 50, 50, 50);
< undefined
> sampleScore.major3Total();
< 159
> sampleScore.major3Total === sampleScore2.major3Total;
< true
```

この方法だと、major3Totalはthis.englishを見るなど、scoreに紐付けられて使われる専用の関数となっているにも関わらず、プログラムの他の場所から単純に呼び出すこともできてしまいます。

```
> major3Total();
< NaN
```

7時間目 データと関数をまとめる

　上記は計算ができなくてなんだか変な値を返してきますね。prototypeを使うことで、メソッドを密接に紐づかせながら、同じ関数を使うようにすることができます。このため、JavaScriptには関数をオブジェクトリテラルの代わりにする定石があり、広く使われています。

　まずprototypeですが、JavaScriptでは関数もオブジェクトであり、関数がつくられる時に共通の原型（prototype）を持つような仕組みになっています。そして、できあがった関数のメソッドやプロパティを呼び出すときに、それぞれの関数にそのメソッドが紐付いていない場合、このprototypeに紐付けた関数が使われます。

　また、関数はクロージャを作って、変数のスコープを狭くしてくれる働きも持っていましたね。これらの仕組みを上手に使うことで、プロパティやメソッドを定義できるのです。

　では関数をオブジェクトとして扱う場合の定石について、まずはプロパティとメソッドの作り方を見てみましょう。

書式

```
function [関数名]([引数]) {
  var [privteプロパティ名] = [値];
  var [privteメソッド名] = function([引数]) {
    // メソッドの処理
  };
  this._[privteプロパティ名] = [値];
  this._[privteメソッド名] = function([引数]) {
    // メソッドの処理
  };
  this.[publicプロパティ名] = [値];
  this.[publicメソッド名] = function([引数]) {   // 次にこれをprototypeに移動します
    // メソッドの処理
  };
}
```

オブジェクトの中だけで使うプロパティを**private プロパティ**と呼びます。同じようにオブジェクトの中だけで使うメソッドは**private メソッド**と呼びます。またオブジェクトを使うほかのプログラムから使ってもらうプロパティやメソッドをprivateとの対比で**public プロパティ**、**public メソッド**と呼びます。

本当にprivateなプロパティ、メソッドは関数のスコープの仕組みを使って作ります。var宣言を使って作ったプロパティ、メソッドはこの関数の中からしか使えないのでしたね。

一方で、_ を付けて宣言するprivateプロパティ、メソッドは実質的にはpublicです。ただ、JavaScriptではfunctionの中でしか使えないプロパティと外から使えるプロパティの二種類しかなく、prototypeに共用の関数を置きたいような場合には前者が使えません。このため、_ を先頭につけているプロパティ、メソッドは「そのクラスの中だけで使うもの」とみなす習慣が一部のライブラリにあります。本書でもそれにならって、外部から不用意に呼び出さないように目印として使っていきます。

なお、データをきちんと整理して分割するという点で、他のプログラムから不用意にクラスが管理しているデータを操作されないようにprivateプロパティにしていくことが大事ですが、一方で、たとえpublicプロパティであっても他のクラスのプロパティを不用意に直接操作しない、できるだけメソッドを介して、どのように操作するのかとか、データの整合性を保つことを対象のオブジェクトに任せるようにすることも大事です。

この関数で作るオブジェクトを特別に**インスタンス**と呼ぶことがあります。インスタンスを新しく作るには**new**という命令を使います。

> **書式**
>
> var ［変数名］ = new ［関数名］(［引数］);

ではこれを使ってscoreを作り直してみます（**リスト7.4**）。このような関数の名前は慣習的に先頭とつないだ単語の先頭を大文字にする**PascalCase**というルールに従って付けられます。この本でもそのルールに従って名前を付けていきます。

7時間目 データと関数をまとめる

リスト7.4 関数を利用したオブジェクトの作成

```javascript
function Score(informationScore, englishScore, mathematicsScore, japaneseScore) {
  this._informationScore = informationScore;
  this._englishScore = englishScore;
  this._mathematicsScore = mathematicsScore;
  this._japaneseScore = japaneseScore;

  // 次に以下のメソッドたちを prototype に紐付けます
  this.getInformation = function() { return this._informationScore; }
  this.getEnglish = function() { return this._englishScore; }
  this.getMathematics = function() { return this._mathematicsScore; }
  this.getJapanese = function() { return this._japaneseScore; }
  this.major3Total = function() {
    return this.getEnglish() + this.getMathematics() + this.getJapanese();
  };
}
```

この段階でも使えますが、major3Totalは別の関数となっています。

```
> var sampleScore = new Score(61, 53, 59, 47);
< undefined
> var sampleScore2 = new Score(50, 50, 50, 50);
< undefined
> sampleScore.major3Total();
< 159
> sampleScore2.major3Total();
< 150
> sampleScore.major3Total === sampleScore2.major3Total;
< false
```

それぞれの教科の成績は変更して欲しくないので、_をつけてprivteプロパティであることを示し、代わりに値を取得できるようにgetというキーワードを付けた関数を用意しました。

getをつけた関数を用意したので、プロパティへのアクセスを統一するためにmajor3Totalメソッドでもこちらを利用しています。

7-1-3 ● prototype

仕上げにprototypeへとメソッドを移しましょう。prototypeへは以下のようにして簡単にメソッドを紐付けできます。

書式

```
[関数名].prototype.[プロパティ名] = [値];
[関数名].prototype.[メソッド名] = function([メソッドの引数]) {
    // メソッドの処理
};
```

実際にメソッドをprototypeに移してみましょう（**リスト7.5**）。

リスト7.5 関数を利用したオブジェクト作成のイディオム

```javascript
function Score(informationScore, englishScore, mathematicsScore, japaneseScore) {
    this._informationScore = informationScore;
    this._englishScore = englishScore;
    this._mathematicsScore = mathematicsScore;
    this._japaneseScore = japaneseScore;
}

Score.prototype.getInformation = function() {
    return this._informationScore;
};
```

（次ページに続く）

データと関数をまとめる

（前ページの続き）

```javascript
Score.prototype.getEnglish = function() {
  return this._englishScore;
};

Score.prototype.getMathematics = function() {
  return this._mathematicsScore;
};

Score.prototype.getJapanese = function() {
  return this._japaneseScore;
};

Score.prototype.major3Total = function() {
  return this.getEnglish() + this.getMathematics() + this.getJapanese();
};
```

これで今まで同様に使えます。

```
> var sampleScore = new Score(61, 53, 59, 47);
< undefined
> var sampleScore2 = new Score(50, 50, 50, 50);
< undefined
> sampleScore.major3Total();
< 159
> sampleScore2.major3Total();
< 150
> sampleScore.major3Total === sampleScore2.major3Total;
< true
```

なお、prototypeもオブジェクトなので、以下のように、prototypeそのものに新しいオブジェクトを代入することもできます。

> **書式**
>
> [関数名].prototype = {};

　メソッド名に関数を紐付けて代入すればまとめてメソッドを登録できますが、それまでに宣言してきたprototypeの中身は失われてしまいます。上記の書き方に統一して使うのが安全です。

　prototypeに関数を移すときには、本当にprivateなプロパティ、メソッド、つまり、var宣言を使って作ったプロパティ、メソッドはスコープが違うので、これらprototypeに追加するメソッドからは操作することができないことに注意してください。

　さて、ずいぶんと複雑なことになってきましたね。

　前章最後の名前空間や本章でこれまで説明してきたような仕組みは、部分的にはプログラムを複雑にします。その代わりにプログラムを大きな区切りで切り分けたり（名前空間）、データと関数の密接な関係を明示したりすることで、プログラム全体の見通しを良くすることを狙うものです。

　つまり、プログラムがより巨大で複雑になってきた時に導入してはじめてメリットを享受できるものとも言えます。

　自分の作ろうとしているものの大きさや複雑さを考えながら、どこまで整理する方法を取り入れるかバランスを取るようにしてください。

Column　クラス

多くのJavaScript入門書ではこのあたりの解説をクラスで行っています。また、オブジェクト指向プログラミングと合わせて説明することも多いようです。

本書では関数の学習と、データと関数をまとめることに集中して欲しいことと、**本当にprivateな**フィールドやメソッドが作れないためにECMA Script 2015から使えるようになったclass構文の全面的な採用を見送りました。

class構文中でvarやletが使えない一方、「_」でprivateを示すコーディングルールとあわせて使うのであれば、結構いい書き方ですし、ECMA Script 2015の目玉機能の一つなのでちょっと紹介しておきます。

class構文を使ってScoreクラスを作ると以下のようになります。

```
class Score {
  // var informationScore;  構文エラーになります。letに変更してもエラーです。
  constructor(informationScore, englishScore, mathematicsScore, japaneseScore) {
    this._informationScore = informationScore;
    this._englishScore = englishScore;
    this._mathematicsScore = mathematicsScore;
    this._japaneseScore = japaneseScore;
  }
  get informationScore() {
    return this._informationScore;
  }
  get englishScore() {
    return this._englishScore;
  }
  get mathematicsScore() {
    return this._mathematicsScore;
  }
  get japaneseScore() {
    return this._japaneseScore;
  }
  // メソッドを定義するclass構文の文法です
  major3Total() {
    // () 無しで取得できるのは get 構文を使っているからです。
    // set 構文を使うと = での代入が引数として呼び出されるようになります。
```

（次ページに続く）

```
                                                    （前ページの続き）
    return this.englishScore + this.mathematicsScore + this.
japaneseScore;
  }
}
```

また本書ではクラスについて説明がされている場合、まず必ずと言っていいほど触れられる継承についても説明しません。よく、同じ関数を再利用できて便利、という話になりますが、JavaScriptの関数は柔軟で強力なため、以下のようにprototypeの関数を共有するだけでも再利用できてしまいます。

```
function Parent() {
  this._fieldA = 2;
}
Parent.prototype.hoge = function() {
  return this._fieldA;
};
Parent.prototype.hogeHoge = function() {
  return this._fieldA * 2;
};
function Child() {
  this._fieldA = 5;
}
Child.prototype.hoge = Parent.prototype.hoge;   // 使う関数だけ再利用
var child = new Child();
child.hoge();   // 5
```

最初に、言語によって長所、短所があるというお話をしましたが、JavaScriptはオブジェクト指向はそこまで得意でなく、一方で関数がけっこう強力な言語と考えられます。

ですからまずはJavaScriptの関数を使いこなせるようになってください。そうしていずれ、継承でなければできないことを見つけたら（実際それはあります）、その時こそ継承を学習してください。

時間目 データと関数をまとめる

>> 7-2 組み込みオブジェクト

　JavaScriptにはいくつか準備されている標準のオブジェクトがあり、実行環境にはそのインスタンスが存在しています。ここではよく使うものを紹介します。

7-2-1 ● console

　consoleは多くのブラウザで提供されている開発ツール「Console」のインスタンスです。

◆ log

　これまで使ってきたように、Consoleにメッセージを表示します。以前説明しましたが、logもメソッド、つまり関数です。

```
> console.log(console.log);
  function log() { [native code] }
< undefined
```

◆ info ／ error ／ warn

　log以外にメッセージを表示するメソッドが3つあります。info／error／warnです。
　これらのメソッドは全部、メッセージを表示するメソッドですが、表示するメッセージの重要性を分類する役割も持っています。大きなプログラムを作るとたくさんのメッセージが出力されて確認するのが大変になります。多くのブラウザではメッセージをこの重要度に応じて表示したり、隠したりする機能を用意してくれているので、「大きな問題が起きた時のメッセージ」はerror、「普段は見ないけれども、プログラムの動きがおかしい時に確認するメッセージ」はinfoのように使い分けるとよいでしょう。

◆ time ／ timeEnd

　プログラムを作成していて、ある処理にかかる時間が知りたくなったときに使えるメソッドの組み合わせです。

```
> console.time('sampleTimer');
  for (var i = 0; i < 10000; i++) {
    ;
  }
  console.timeEnd('sampleTimer');
  sampleTimer: 7.459ms
< undefined
```

timeメソッドの引数で名前付けされたストップウォッチを作成し、時間の計測をはじめます。timeEndでその名前のストップウォッチを停止し、処理にかかった時間を表示してくれます。

◆trace

スタックトレースを出力します。

これはプログラムが始まってから、どういう順番で関数が呼び出されて、console.traceの呼び出しに至ったかを示すプログラムの**パンくずリスト**のようなものです。

7-2-2◉window

これまで使ってきたように、chromeアプリケーションの横幅や、ポップアップダイアログの表示などが出来るオブジェクトです。alertやinnerWidthでおなじみですね。

実はこのwindow、省略することができます。

```
> window.alert === alert;
< true
> window.innerWidth === innerWidth;
< true
```

どうしてwindowは省略することができるのでしょうか？ 実はブラウザ上で動くJavaScriptのプログラムは、全てwindowの大きな名前空間の中にあるからです。JavaScriptは最初、ブラウザのために作られたプログラミング言語ですから、一番外側にあるものがwindowというのが自然だったのでしょう。

◆windowの性質

変数宣言のvarを省略してできるプロパティは、このwindowの新しいプロパティの追加に相当します。これは最も大きなスコープに属する変数ですから、どこからでも参照できます。

```
> sampleValue = 5;
< 5
> window.sampleValue;
< 5
> window.sampleValue = 7;
< 7
> sampleValue;
< 7
```

◆alert／confirm／prompt

ダイアログを表示するメソッドたちです。alertは単にメッセージを表示するダイアログを、confirmではOK／キャンセルのようにtrue／falseを選択させるダイアログを、pormptではユーザに何かを入力させるダイアログを開くことができます。

◆open／close

新しいブラウザウィンドウを開いたり、今プログラムが動いているウィンドウを閉じたりできます。ですがポップアップ広告に使われたり、悪用してウィンドウをたくさん開くページが作られたりしたため、設定により機能しないようになっているブラウザが多くなってきています。

◆moveBy／moveTo／resizeBy／resizeTo

今プログラムが動いているウィンドウを移動させたり、サイズを変更することができます。こちらも悪用されることが多かったため、現在は設定により機能しないようになっているブラウザが多くなっています。

Column thisとcall／apply

メソッドを持っているオブジェクトを表すと説明してきたthisですが、今後、ブラウザを使ったプログラムをしていくと、そうではないパターンも出てくるので、thisが関数をオブジェクトと結びつけて使うキーワードであることを説明します。

JavaScriptにはメソッドにする以外にも関数をオブジェクトと結びつけて使う方法が用意されています。それがcall／applyメソッドです。call／applyメソッドは関数であればどんな関数であっても使えるメソッドです。このメソッドは関数を引数で受け取ったオブジェクトと結びつけて呼び出します。

```
> function major3Total() {
    return this.english + this.mathematics + this.japanese;
  }
  var score = { english: 60, mathematics: 70, japanese: 80 };
  // major3Total.apply(score); でも同じ
  major3Total.call(score);
< 210
```

major3Total関数の中のthisが引数で渡したscoreになっていますね。このように、JavaScriptの関数は様々なオブジェクトと結びつけられて動作できる仕組みをもっています。

callとapplyではメソッドに引数がある時の引数の渡し方が違います。callでは結びつけるオブジェクトの後ろに続けて二番目、三番目の引数として1つずらして渡していきますが、applyでは引数を配列に詰め込んで二番目に渡さなければいけません。

何にも結びつけられていない時、thisはwindowと結びつけられています。

```
> function getWidth() {
    return this.innerWidth;
  }
  console.log(getWidth());
< 1280
```

また、インスタンスを作る関数の中ではthisは作っている最中のインスタンスと結びつけられています。

```
> function Score(informationScore, englishScore,
mathematicsScore, japaneseScore) {
    this._informationScore = informationScore;
    this._englishScore = englishScore;
    this._mathematicsScore = mathematicsScore;
    this._japaneseScore = japaneseScore;
  }
< undefined
```

　上記はクラスの説明で作った関数Scoreですが、この時、Score関数（インスタンスを作る関数です。コンストラクタと呼ばれます）の中でthisは、作りかけのインスタンスでした。そのため、完成したインスタンスに_englishScoreなどのプロパティができていたのですね。

　ずいぶん色々なデータと一緒に動作しますね。JavaScriptの関数はこのように、データとくっついて動作する強力な仕組みを持っています。ですから、まずはしっかりと関数を理解し、使いこなすことを目指しましょう。

確認テスト

Q1 姓「lastName」と名「firstName」の2つのフィールドを持ち、それぞれのgetメソッドを持つクラス「UserName」を作ってみましょう。

Q2 Q1で作ったクラスを使って田中 一郎さんと鈴木 次郎さんを表すインスタンス「userTanaka」と「userSuzuki」を作ってみましょう。

Q3 Q1で作ったクラスに姓名を姓、名の順番で間をスペース1つで区切ってつなげて返すメソッド「getFullName」を追加してみましょう。

Q4 Q1で作ったクラスを修正し、ミドルネーム「middleName」も持てるようにし、getメソッドも作りましょう。

Part 2
実践編

ソフトウェア開発とテスト

- **8時間目** HTMLとCSSの基礎 ─ 170
- **9時間目** クライアントサイドJavaScript（前編） ─ 204
- **10時間目** クライアントサイドJavaScript（後編） ─ 240
- **11時間目** JavaScriptにおける例外処理 ─ 268
- **12時間目** クライアントサイドのデバッグとテスト（前編） ─ 290
- **13時間目** クライアントサイドのデバッグとテスト（後編） ─ 312
- **14時間目** jQueryとJavaScript MVC ─ 334
- **15時間目** Webアプリケーションのセキュリティ ─ 362

8時間目 HTMLとCSSの基礎

この時間では、Webページを作成するためのHTMLおよびCSSの基礎を学びます。HTMLの文法に加え、HTML文書の任意の要素を抽出するためのセレクタ構文についても学びます。これらの技術は、すべてのWebアプリケーションの開発の基礎となるので、不明な点が残らないようによく学習してください。

今回のゴール
- Webページとしての文書の作り方を学ぶ
- Webページの見た目を変化させる方法を学ぶ

8-1 イントロダクション

　Webアプリケーションは、Webブラウザで動作するアプリケーションです。近年はさまざまなアプリケーションがWebアプリケーションとして作られています。

　ブラウザで表示されるWebページは、HTMLというテキストベースの記述言語によって組み立てられます。

　Webアプリケーションは、WebページをJavaScriptのプログラムがWebページの内容を動的に変化させることで実現されます。

　ここでは、サンプルWebアプリケーションとして「Tiny Todo List」を作ってみます（図8.1）。

図8.1 Tiny Todo Listスクリーンショット

Tiny Todo Listは、以下の機能を備えたシンプルなTodo管理アプリケーションです。

- 新しい予定の追加ができる
- 予定の完了／未完了を切り替えられる
- 予定のタイトルを変更できる
- 予定を削除できる

このアプリケーションの開発を通じて、Webアプリケーション開発の基礎を学習します。

》 8-2 画面の骨格を組み立てよう ～ HTML

8-2-1 ● HTMLとは

　HTML（Hyper Text Markup Language）は、Webページを作成するために開発されたマークアップ言語です。

　マークアップ言語は、特殊な記法により構造をもった電子文書を作成するために使われます。例えば、「この部分は見出しである」などの情報が文書に埋め込まれます。HTMLはWeb上でやりとりされる文書データを取り扱うためのマークアップ言語の

標準となっています注1。

HTML文書はWebブラウザにより解釈されます。「この部分は見出しなので大きな文字で」のように、文書中のマークアップ（意味付け）にもとづいて適切な見た目で表示されます。

標準ではHTML文書は無骨な見た目で表示されるようになっていますが、HTMLでは文書のレイアウトも変更できるので、思いどおりの見た目で表示できるようになっています。

まずは、文書としてのHTMLの基礎を学習します。

8-2-2 ● HTML要素

HTML要素は、開始タグ、内容、終了タグの3つから構成されます。

```
<p>The quick brown fox jumps over the lazy dog.</p>
```

ここでは、段落（paragraph）を意味する <p> 要素を使って解説します

「The quick brown fox jumps over the lazy dog.」という文が、開始タグ <p> と終了タグ </p> とで囲まれています。これにより、この文が1つの段落を構成しているという意味が付けられます。

開始タグは < と > とで要素名を挟んで記述します。終了タグは </ と > とで要素名を挟んで記述します。

HTMLにおいて、空白（半角空白やタブ文字）や改行をどう表示するかはブラウザに任されます注2。通常は、空白や改行は1つに詰められるので、HTMLの文書中に改行や空白を自由に入れられます。

つまり、

```
<p>The quick brown fox jumps over the lazy dog.</p>
```

注1) HTMLにはいくつかのバージョンがあり、最新のバージョンはHTML5です。本書では、最新のHTML5をベースに解説を行います。

注2) CSS（後述）によって変更できます。

は、

```
<p>
  The quick brown fox jumps over the lazy dog.
</p>
```

```
<p>
  The quick brown fox
  jumps over the lazy dog.
</p>
```

などと同じHTML要素であると解釈されます。文書として書きやすい・読みやすいように記述できます。

　HTMLにおける字下げなどは、実際の画面での見え方とは関係なく、書き手の見やすいように決められます。かわりに、ブラウザ画面上の改行タイミングや字下げの量などは、画面の横幅などによって自動的に決められます。

◆終了タグの省略

　いくつかの条件を満たす場合、終了タグを省略できます。ただし、基本的には省略すべきではありません。

　例えば、

```
<p>
  The quick brown fox jumps over the lazy dog.
</p>
<p>
  Lorem ipsum dolor sit amet, consectetur adipiscing elit,
  sed do eiusmod tempor incididunt ut labore et dolore magna aliqua.
</p>
<p>...
```

は、

```
<p>The quick brown fox jumps over the lazy dog.
<p>Lorem ipsum dolor sit amet, consectetur adipiscing elit,
   sed do eiusmod tempor incididunt ut labore et dolore magna aliqua.
<p>...
```

のように終了タグを省略して書く方法もあります。

本書では、次に解説する空要素の場合を除き、開始タグに対応する終了タグは省略せずに必ず記述するものとします。

◆ **空要素**

いくつかのHTML要素については、内容および終了タグを持たない（持ってはいけない）ものがあります。

Column 日本語における分かち書き

HTMLにおける改行や空白文字の取り扱いは、空白や改行で単語を区切る「分かち書き」を念頭において作られています。

そのため日本語のように、空白で単語を区切らない文書の場合には注意が必要になります。例えば、

```
<p>
   むかしむかし、ある
   ところにお爺さんとお婆さんが住んでいました
</p>
```

では、「ある」と「ところに」の間にある改行と「ところに」の行頭の字下げは空白として認識されます。

そのため「むかしむかし、ある ところにお爺さんとお婆さんが住んでいました」のように表示されてしまいます。

代表的な空要素として、改行を表す
要素が挙げられます[注3]。なお、空要素はしばしば
のように記述されることがありますが、本書では、
を用います。

```
<h1>Spring</h1>
<p>
  Sound the flute!<br>
  Now it's mute!<br>
  Bird's delight,<br>
  Day and night,<br>
  Nightingale,<br>
  In the dale,<br>
  Lark in sky,<br>
  Merrily,<br>
  Merrily merrily, to welcome in the year.
</p>
```

※出典：William Blake, "Spring"

◆ **要素を入れ子にする**

HTML要素は入れ子構造にできます[注4]。例えば、先ほどの詩では、<p>（段落）要素の中に
（改行）要素が入っています。

```
<p>
  Sound the flute!<br>
  Now it's mute!<br>
  ...
</p>
```

注3）　詩における改行のように、改行そのものが文章として意味を持っている場合に
要素を使います。見た目のために
要素を使うのは正しくありません。

注4）　すべての要素がすべての要素を入れ子にできるわけではありません。例えば、<p>要素の中に<p>要素を入れることはできません。

このような入れ子構造は、以下のように箇条書きの形式で表せます。こうした箇条書きの構造のことを、「**木（ツリー）構造**」ともいいます。

```
<p> 要素
  ├─ Sound the flute!  文字列
  ├─ <br> 要素
  ├─ Now it's mute!  文字列
  ├─ <br> 要素
     …
```

もっと複雑な構造を見てみましょう（**リスト8.1**）。

リスト8.1 HTML文書の例

```
<html>
  <head>
    <title>今日の予定</title>
  </head>
  <body>
    <h1>今日やらないといけないこと</h1>
    <ul>
      <li>床屋に行く</li>
      <li>犬の散歩に行く</li>
      <li>ゴミ出しをする</li>
    </ul>
  </body>
</html>
```

リスト8.1はほぼ完全なHTML文書の例ですが[5]、これも、**図8.2**のように箇条書きで表せます。

注5) 初めて出てくる要素がありますが、しばらくは気にしなくて構いません。あとで解説します。

図8.2 リスト8.1の木構造

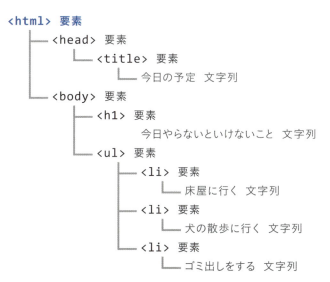

◆ 属性

それぞれのHTML要素には、HTML要素に情報を付加するため、属性が指定できます。例えば、Webページで一般的な（ハイパー）リンクは、`<a>`要素を考えてみます。

```
<a>問い合わせページ</a>はこちら
```

この例では、「問い合わせページはこちら」という文字列のうち、「問い合わせページ」にリンクが作られます。

「問い合わせページ」の部分をクリックすれば、問い合わせのためのページに切り替わることでしょう。問い合わせページが「http://example.co.jp/inquery/」にあるとしたら、それを`<a>`要素の情報として設定しなければなりません。

```
<a href="http://example.co.jp/inquery/">問い合わせページ</a>はこちら
```

と書きます。

この「href="http://example.co.jp/inquery/"」の部分が「属性」です。属性は開始タグの要素名とタグの終了>（もしくは/>）との間に以下の形式で記述します[注6]。

書式

> 属性名="属性値"

属性は複数指定でき、要素名と属性の間、属性同士の間は、1文字以上の空白文字（スペース）で区切ります。問い合わせページのリンクの例では、href属性（属性名がhrefの属性）に属性値「http://example.co.jp/inquery/」を設定しました。

◆ id属性

先述のhref属性などは、特定の要素に対して指定した場合に有効なものですが、ほぼすべてのHTML要素に対して汎用的に利用できる属性もあります。id属性はそのような属性の一つです。

id属性は、HTML要素に対して一意なidを付与するために使います。

```
<a id="link-example" href="http://example.co.jp/">example.co.jp へのリンク</a>
```

この例では、<a>要素にhref属性に加えて、id属性を宣言しています。id属性は次の点を守って指定してください。

① id属性は1つの文書の中で一意に指定します。同じid属性の付与された複数のHTML要素を作ってはいけません
② id属性は小文字（a～z）、数字（0～9）とハイフン（-）のみで構成します[注7]

注6) 属性値の引用記号「"」は、代わりに「'」も利用できます。また、引用記号を省略したり、属性値自体を省略したりもできる場合がありますが、本書では必ず「"」を利用することで統一します。

注7) HTML5の仕様に基づくものではなく、一般的な規約の1つです。HTML5の仕様上はidには空白文字（半角空白、タブなど）以外すべての文字が使えると定義されていますが、プログラムやCSS（後述）からの取り扱いの都合などを踏まえると、利用してもよい文字は制限されるべきです。また、ハイフン（-）の代わりにアンダースコア（_）を規約として採用することもあります。

◆class属性

文書中で特定のHTML要素をグループ化するときには、class属性を使います。

```
<a class="link important" href="http://example.co.jp/">example.co.jp へのリンク</a>
```

class属性は次のように指定します。

① 半角空白で区切って複数の値が指定できます（ここでは、区切られたひとつひとつの値を単にclassと呼ぶこととします）
② idと異なり、文書内で重複したclassが設定できます
③ classは、小文字（a～z）、数字（0～9）とハイフン（-）のみで構成します

例えば上記の例では、<a>要素にlink、importantの2つのclassが指定されたことになります[注8]。

◆HTML文字のエスケープ

HTMLでは、「<」などの記号を利用して、要素を定義します。そのため、HTML文書の内容として、これらの記号をそのまま使うことができません。かわりに**表8.1**のように表記します。

表8.1 HTML文字のエスケープ対応表

表示させたい文字	HTMLでの表記
<	&lt;
>	&gt;
"（※1）	&quot;
&	&amp;

※1 本文中では「"」ではなく、「"」をそのまま使っても問題はありません。例えば「<img alt="Idiom: "Last straw"">」のように「"」で囲われている文字列の中で「"」を表す場合に役に立ちます。

注8) 本書で示した③の条件もid同様に一般的な規約の1つです。HTML5の仕様上は、class属性は空白文字で区切られた値（トークン）のリストであると定義されています。従って、class（トークン）はidと同じく空白文字以外の任意の文字が利用できます。

8-2-3 ● HTMLの構造

一番シンプルなHTML5は**リスト8.2**のようになっています。

リスト8.2 HTML5のひな型

```html
<!DOCTYPE html>
<html>
<head lang="jp">
    <meta charset="UTF-8">
    <title>(文書のタイトル)</title>
</head>
<body>
  (ここに文書の本体を記述する)
</body>
</html>
```

まず1行目の`<!DOCTYPE html>`は、DOCTYPE宣言と言われるものです。文書の先頭に記述することで、この文書がHTML5であることを表します。

◆＜html＞要素

HTML文書では、すべての要素を`<html>`要素の中に記述します。`<html>`のような、すべての要素の親となる要素のことを「ルート要素」と言います。

`<html>`要素は、直接の子要素として`<head>`要素と`<body>`要素を持ちます。

◆＜head＞要素

`<head>`要素では、HTML文書のヘッダ情報(文書に関するさまざまな情報)を定義します。

ヘッダ情報には文書タイトルや、スタイルシート(後述)の読み込み先などが挙げられます。ヘッダ情報は、ブラウザ(のメイン部分)には直接的には表示されません。

◆＜title＞要素

`<head>`要素の中に置き、文書のタイトルを定義します。一般的なブラウザでは、ブラウザの画面上部のタイトルバー、もしくはタブにその内容が表示されます。

◆＜meta＞要素

<meta>要素は、ヘッダ情報のうち、「その他」に分類されるものを定義するのに使います。

必ず定義しておいたほうが良いのが、文書の文字エンコーディング（charset属性、UTF-8、Shift_JISなど）です。

Webページが、「縺ソ縺ェ縺輔ｓ縺梧・・・」のような読めない状態（文字化け）になっていたことはありませんか？

これは、文字をコンピュータ上に保持する方法（文字エンコーディング）の判定に失敗したために起こります。ブラウザが不適切なエンコーディングを選択しないよう、適切に設定します。本書の環境では「<meta charset="UTF-8">」とします。

charset以外には、任意のものを<meta>要素で定義できます。「<meta name="xxx" content="yyy">」の形式にします。

よく使われるもの（name属性）には、author（文書の著者）、keywords（キーワード）、description（概要の説明）があります。

◆＜body＞要素

<body>要素の中には、実際にブラウザで表示される文書の本体を記述します。

◆＜h1＞〜＜h6＞要素

見出し（heading）を表します。<h1>が大見出しを表し、<h6>が最も詳細なレベルの見出しを表します。必ず、<h1>→<h2>→ ... の順で用いてください（フォントサイズなどのために<h3>から使うなどは良くありません）。

◆＜p＞要素

段落（paragraph）を表します。

◆＜ul＞／＜li＞要素

番号なし箇条書き（unordered list）と箇条書き項目（list item）を表します。

8-2-4 ● HTMLを組み立ててみよう

では、ここまで学習した項目を活用して、Tiny Todo Listの画面を作ってみましょう。

まずは、Atomエディタを開きます。画面左上の［アプリケーション］メニューから［お気に入り］－［Atom］と選択します（**図8.3**）。

図8.3 Atomエディタの起動

> ### Column ＜h1＞、＜title＞の使い分け
>
> 　＜h1＞は文書の一番大きな見出しを表します。そのため、多くのケースで文書タイトルが入ります。
> 　文書タイトルを表す要素に＜title＞をすでに学習しました。これらに違いはあるのでしょうか。
> 　＜title＞は検索エンジンやソーシャルメディアなどが、記事へのリンク文字列に使われます。そのため、＜title＞には、「それが何のページなのか」を、まだページを開いていない人に伝えるように書きます。
> 　一方、＜h1＞は大見出しとしてページの先頭に表示されます。そのため、＜h1＞はそのページを見ている人にタイトルを伝えるように書きます。
> 　両者が大きくずれることはあまりありませんが、＜title＞には文書タイトルに加えて、文書を配信しているサイト名などが併記されるなど、使い分けされることも多いです。

Atomの［ファイル］－［フォルダを開く］を選択して、［guest］－［workspace］－［15js］
－［public］を選択して［OK］を押します（**図8.4**）。

図8.4 フォルダ（作業ディレクトリ）を開く

［public］－［todolist.html］を順に選択すると、todolist.htmlが開けます（**図8.5**）。

図8.5 todolist.htmlを開いたところ

todolist.htmlには**リスト8.3**のひな形が記述されています。

リスト8.3 todolist.html

```
<!DOCTYPE html>
<html>
<head lang="jp">
    <meta charset="UTF-8">
    <title>Tiny Todo List</title>
</head>
<body>
  <!-- Tiny Todo List 本体 -->      ①
</body>
</html>
```

続いて、todolist.htmlをブラウザで開いてみましょう。デスクトップに作成してある /home/guest/workspace/15js/ をダブルクリックして、[todolist.html] をダブルクリックします。todolist.htmlをブラウザで表示しても、真っ白な画面が表示されるだけです（**図8.6**）。

図8.6 todolist.htmlをブラウザで開く

<body>要素の中に画面に表示される本体を記述します。なお、これから先は特に断りがない限りは、リストは<body>要素の中身（ひな形で「Tiny Todo List 本体」の部分）だけを記述し、その外側の部分は省略するものとします。

todolist.htmlの<body>要素のコメント（**リスト8.3**①）のかわりに**リスト8.4**の内容を追記してください。

リスト8.4 todolist.htmlの中身を作る

```html
<header>
  <h1>Tiny Todo List</h1>
</header>
<div>
  <input type="text" placeholder="What should have been done?">
  <ul>
    <li>
        <input type="checkbox" checked="checked">
        <label>予定1</label>
        <div>
            <button value="edit">✎</button>
            <button value="delete">×</button>
        </div>
    </li>
    <li>
        <input type="checkbox">
        <label>予定2</label>
        <div>
            <button value="edit">✎</button>
            <button value="delete">×</button>
        </div>
    </li>
  </ul>
</div>
<footer>
    <address>Copyright &copy; 2016 Your name.</address>
</footer>
```

なお「✎」の記号は、本書の仮想環境では「えんぴつ」を変換して出せますが、かわりに次のように「✎」と入力しても構いません。

```
<button value="edit">&#x270e;</button>
```

これをブラウザで表示すると、図8.7のようになります。この見た目のままでも「Tiny Todo List」を作りきることもできますが、どうせなら格好いい画面を作りたいですよね。

続いてこのページに装飾を施します。

図8.7 装飾を施す前のTiny Todo List

8-3 画面に装飾を施してみよう ～ CSS

HTMLは、もともとコンピュータで文書の構造情報を取り扱うために設計されています。従って、「この部分は文書としてこういう意味を持っている」という情報を表現することができます。

一方で、「この部分はブラウザ上でこのような見た目で表示する」といった情報を表現できません[注9]。Webアプリケーション（HTML文書）の見た目は、代わりに「CSS」によって表現します。

注9） かつて、HTMLに見た目を変えるためのHTML要素（<font>要素など）が用意されていましたが、HTML5ではそのような要素は削除されています。

8-3-1 ● CSSとは

　CSS（Cascading Style Sheet）は、HTML文書をブラウザなどで表示するためのスタイル（見た目）情報を定義するための言語です。文字色、背景、位置やボーダー（枠線）などといった、見た目に関するさまざまなことを設定できます。

　CSSは、HTMLの文書の要素を特定の条件で抽出し、その要素のスタイルを設定する、という方法で見た目を定義します。

CSSが定義されたファイルを指定する

　一般的にはCSSはHTMLファイルとは別ファイルとして記述します。todolist.htmlの<head>要素の最後に1行を追加して、**リスト8.5**のようにします。

> **Column　附属DVDのサンプルの使い方**
>
> 　附属DVDの［実践編・リスト］ディレクトリには、本書で作成するTiny Todo Listアプリケーションが格納されています。またこの内容は仮想環境にも［/home/guest/実践編・リスト/］として収録されています。
>
> 　それぞれの時間の［start/］ディレクトリにはその時間の開始時点のあるべき状態が、［end/］ディレクトリにはその時間の終了時の完成形が格納されています。必要に応じて、仮想環境の作業ディレクトリ、［/home/guest/workspace/15js/］の中身を差し替えて使ってください。
>
> 　例えば、**8、9時間目**をスキップして**10時間目**から学習を行いたい場合は、作業ディレクトリを［10hr/start/］に上書きすればよいです。
>
> **9時間目**から続けて学習を行う場合には、特に作業ディレクトリの入れ替えは必要ありません。
>
> **9時間目**の終了時点と**10時間目**の開始時点は一致するはずです（［9hr/end/］と［10hr/start/］は同じ中身が収録されています）。
>
> 　仮想環境の作業ディレクトリは、**8時間目**の最初の状態、つまり［8hr/start/］がコピーされた状態になっています。
>
> 　また、Part2で入力するプログラムは、［8hr/8.1/］などのリスト番号に対応するディレクトリの中にもコピーが入っています。
>
> 　もしどうしても狙いどおりにプログラムを動かせないような場合には、これらのディレクトリの内容を比べてみましょう。

リスト8.5 HTMLに外部のCSSファイルを読み込む

```
<!DOCTYPE html>
<html>
<head lang="jp">
  <meta charset="UTF-8">
  <title>Tiny Todo List</title>
  <link rel="stylesheet" href="css/red-bordered.css">   ← 追加した記述
</head>
<body>
  <!-- 省略 -->
</body>
</html>
```

　これで、ブラウザはこの文書（アプリケーション）を画面に表示する際に、cssディレクトリに保存されたred-bordered.cssの内容を読み込み、その内容に従ってHTMLを整形して表示します。

　red-bordered.cssの内容は**リスト8.6**のようになっています[注10]。

リスト8.6 red-bordered.css

```
* {
  border: red 2px solid;
}
```

　詳しくは後で解説しますが、「すべての要素（*）」の「枠線（border）」を、「赤い（red）、太さが2pxの、実線（solid）」にすると指定しています。ここでブラウザを再表示（F5キーを押す）してみましょう。正しくCSSが読み込まれていたら、todolist.htmlが**図8.8**のような状態になります。

　すべての（表示されている）HTML要素に枠線が付きました。

注10）CSSもJavaScriptやHTMLのように単語の途中でない限りは任意の箇所で改行できます。

図8.8 red-bordered.cssを読み込んだTiny Todo List

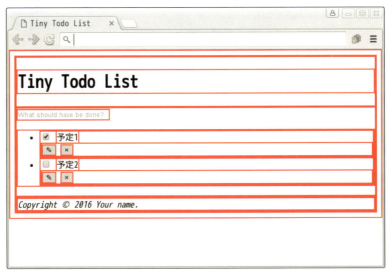

8-3-2●CSSの構造

　CSSは「規則（集合）」と呼ばれる基本構造を書き連ねていきます。規則集合は次の構造を持っています。

書式

```
セレクタ {
  プロパティ：値;
  プロパティ：値;
    …
}
```

● **セレクタ**
　スタイルの適用対象となる要素を抽出するための条件を記載する。
　例：*（すべての要素）、a（すべての<a>要素）、a.important（class属性にimportantが指定された<a>要素）など

● プロパティ

スタイルの適用項目を指定する。

例：border（枠線）、margin（要素の周囲の空白）など

● 値

スタイルとして適用される値を指定する。複数の値を設定する場合は、空白文字で区切る[注11]。

例：red（borderプロパティなどに対して「赤」）

● 宣言

「プロパティ：値」の組を指す。複数の宣言を設定する場合は、セミコロン「;」で区切る。最後の宣言については、「;」の記述はあってもなくても構わない

● 宣言ブロック

「{」から「}」までの部分を指す。セレクタで抽出された要素には、宣言ブロック中の有効なすべての宣言が適用される。

8-3-3 ● セレクタの指定方法

スタイル適用の対象となる要素を抽出・選択するための条件を「**セレクタ**」といいます。

ここからは、セレクタを書き換えるとスタイルの対象がどのように変化するかを、実際に確認しながら進めます。

なお、現時点のtodolist.htmlは、要素にidやclassの属性が割り当てられていません。そこで、ここからしばらくの間、それぞれの要素にidやclassが指定された、todolist2.htmlをかわりに使って作業します。いったんブラウザを閉じて、todolist2.htmlをブラウザで開いてください。

todolist2.htmlの内容を**リスト8.7**に示します。

注11）例外として一部のプロパティに設定する値の区切りには「,」が使われます。

リスト8.7 todolist2.html

```html
<!DOCTYPE html>
<html>
<head lang="jp">
  <meta charset="UTF-8">
  <title>Tiny Todo List</title>
  <link rel="stylesheet" href="css/red-bordered.css">
</head>
<body>
<header>
  <h1>Tiny Todo List</h1>
</header>
<div class="new-todo">
  <input type="text" class="todo-title" placeholder="What should have been done?">
</div>
<div class="todo-list">
  <ul class="todos">
    <li class="todo todo-done" id="todo-1">
      <input id="todo-1-checkbox" type="checkbox" checked="checked">
      <label for="todo-1-checkbox">予定1</label>
      <div class="todo-operation">
        <button value="edit" class="todo-operation-edit">✎</button>
        <button value="delete" class="todo-operation-delete">×</button>
      </div>
    </li>
    <li class="todo" id="todo-2">
      <input id="todo-2-checkbox" type="checkbox">
      <label for="todo-2-checkbox">予定2</label>
      <div class="todo-operation">
        <button value="edit" class="todo-operation-edit">✎</button>
        <button value="delete" class="todo-operation-delete">×</button>
```

（次ページに続く）

（前ページの続き）

```
      </div>
    </li>
  </ul>
</div>
<footer>
  <address>Copyright &copy; 2016 Your name.</address>
</footer>
</body>
</html>
```

　red-bordered.cssのデフォルトのセレクタ「*」を置き換えてからtodolist2.htmlをブラウザで再表示（F5キーを押す）させます。

　要素の種類で選択する場合は、シンプルに要素名を記述します（**リスト**8.8、**図**8.19）。

リスト8.8　要素名セレクタ

```
h1 {
  border: red 2px solid;
}
```

図8.9　リスト8.8を適用

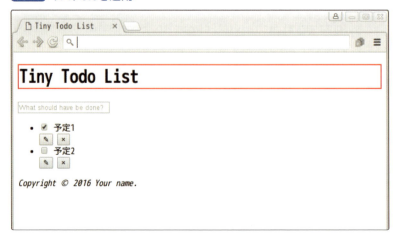

要素のid属性で選択する場合には、属性名の頭に「#」を付けます（**リスト**8.9、**図8.10**）。

リスト8.9 idセレクタ

```
#todo-1 {
  border: red 2px solid;
}
```

図8.10 リスト8.9を適用

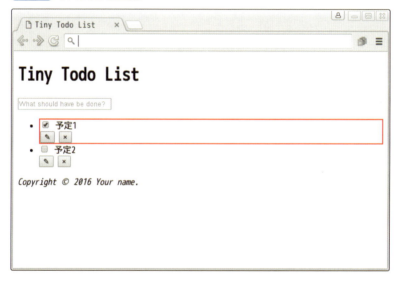

要素のclass属性で選択する場合は、属性名の頭に「**.**」を付けます（**リスト**8.10、**図8.11**）。

リスト8.10 classセレクタ

```
.todo {
  border: red 2px solid;
}
```

図8.11 リスト8.10を適用

ある要素の子孫要素（直下の子要素だけでなく、孫要素やひ孫要素を含む）であることを表すには、スペース「だけ」で区切ります（**リスト8.11**、**図8.12**）。

リスト8.11 子孫セレクタ

```
.todo-list button {
  border: red 2px solid;
}
```

図8.12 リスト8.11を適用

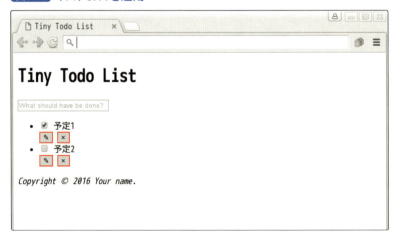

直下の子要素に限定したい場合は、「>」を使います（**リスト**8.12、**図**8.13）。

リスト8.12 子供セレクタ

```
ul > li > label {
  border: red 2px solid;
}
```

図8.13 リスト8.12を適用

複数のセレクタを「または」の条件でまとめるには、「**,**」を使います（**リスト**8.13、**図**8.14）[注12]。

リスト8.13 「または」で複数のセレクタを組み合わせる

```
h1, button {
  border: red 2px solid;
}
```

注12）　「>」や「,」などの記号の前後には、それぞれ任意でスペースを入れられます（入れなくても構いません）。このスペースは、「子孫要素」の意味を持たずに、無視されます。

図8.14 リスト8.13を適用

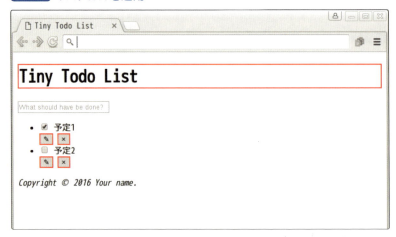

複数のセレクタを「かつ」の条件でまとめるには、「スペースを入れずに」つなげて書きます（**リスト**8.14、**図**8.15）。

リスト8.14 「かつ」で複数のセレクタを組み合わせる

```
button.todo-operation-edit {
  border: red 2px solid;
}
```

図8.15 リスト8.14を適用

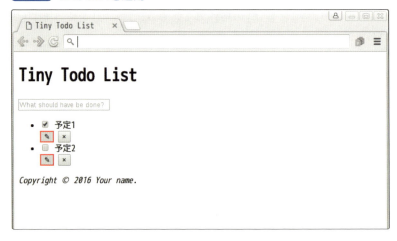

ここまで解説したセレクタは、HTML文書に明示的に書かれた情報（要素名、id、class）を使っています。では、ボタンの上にマウスカーソルが載っている時に、「クリックできますよ」とボタンを強調させたい時はどうでしょうか？

「ボタンを強調させたい」というのは、例えばボタンの色を濃くしたりすればいいでしょう。「ボタンの上にマウスカーソルが載っている時」というのは、「マウスカーソルが載っている」（ボタン）要素を選択することになります。

このように、要素が特定の状態にある場合を選択するには、「**擬似クラス**」を使います。擬似クラスには、擬似クラス名の頭に「**:**」を付けます（**リスト**8.15、**図**8.16）。

リスト8.15 疑似クラスセレクタ

```
:hover {
  border: red 2px solid;
}
```

図8.16 リスト8.15を適用し、<footer>要素にマウスカーソルを合わせる

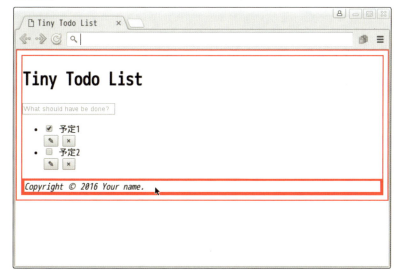

代表的な擬似クラスには**表**8.3のようなものがあります[注13]。

注13） 擬似クラスに似たものとして、「擬似要素」というものがあります。擬似要素にも擬似要素名の頭に「:」を付けます。本書では解説は割愛します。

表8.3 代表的な疑似クラス

疑似クラス	説明
hover	マウスカーソルが要素上にある
focus	テキストなどの入力項目のうち、フォーカスがあたっている
first-child	条件を満たす最初の要素である
last-child	条件を満たす最後の要素である
nth-child(n)	条件を満たすn番目の要素である（nには数字が入る）。nに数字の代わりにevenもしくはoddを指定すると、それぞれ、偶数番目、奇数番目の要素がすべて選択される

コメントはJavaScriptのブロックコメントと同じく、「/*～*/」です（リスト8.16）。

リスト8.16 CSSでのコメント

```
* {
  border: red 5px solid; /* インパクト重視 */
}
```

なお、複数の規則の間で宣言が衝突する場合は、セレクタなどの優先順位（後述）に従ってスタイルが適用されます。そのため、一見するとスタイルが適用されていないように見えることがあります。

Column CSSセレクタの使い分け

　ここまで、HTML要素の指定方法としてさまざまなCSSセレクタを解説しました。優れた見た目のWebアプリケーションを作成する場合には、これらすべてを駆使することになりますが、できればシンプルに使いたいところです。

　基本的な利用方針は次のとおりです。

- 要素名

　「CSSリセット」と呼ばれる、ブラウザのデフォルトのレイアウトを打ち消したい場合に向きます。それ以外の場合、要素名指定だけで完結しないので、他の指定方法を使いましょう。

- id属性

　HTMLの中でただ1つの要素を指定する場合に用途が限定されます。唯一の要素を選択するために用いるので、柔軟性が低く、ページ全体の見た目を統一するのが困難になります。そのため、画面装飾のためのCSSセレクタとしてはほぼ利用しません。

- class属性

　CSSセレクタとして一番利用しやすいです。複数の宣言が衝突しやすいので、HTML文書に適切なclass付けを行う必要があります。

- 子要素・子孫要素指定

　親要素に設定されたclass属性によって、同じclass属性を持つ子（孫）要素の見た目を変えたい、という場合に利用します（例：「.main-article ／ .title」と「.column ／ .title」でフォントサイズを変えるなど）。

- または「,」

　適宜利用してよい。

- 擬似要素

　シンプルなセレクタで利用すると絶大な効果を発揮します。擬似要素などを駆使しだすとCSSセレクタが複雑になりがちです。可読性も悪く、かつ速度劣化の可能性もあるので、CSSセレクタが複雑になったら、JavaScriptでclass属性を動的に書き換えるなどの方法を考えるべきでしょう（方法については後述します）。

　本書では、基本的にはclass属性をベースに指定します。要素名を優先順位の調整に利用する使い方もありますが、敢えてそれは解説しません。class名を適切に指定する方法を推奨するためです。

◆代表的なCSSプロパティ

CSSには非常に多くのプロパティが用意されています（**表8.4**）。すべてを解説することはできませんが、いくつかの代表的なプロパティについて簡単に解説します。

表8.4 代表的なCSSプロパティ

CSSプロパティ	説明	例
border	要素の外側に境界線を引く。境界線の色、太さ、線の種類などが指定できる	border: green/*色*/ 1px/*太さ*/ dotted/*種類（点線）*/
background	背景色や背景画像を指定する	background: #ddffdd/*色*/ url('bg.png')/*背景画像*/
color	文字色を指定する	color: red
font-size	文字サイズを指定する	font-size: 120%
font-style	フォントのスタイル（イタリック体など）を指定する	font-style: italic
margin	要素の外側（borderの外側）の空白量を指定する	margin: /*4つ指定した場合*/ 10px/*0時（上）*/ 4cm/*3時（右）*/ 0/*6時（下）*/ 60%/*9時（左）*/
text-align	行揃え位置や均等割付を指定する	text-align: right
width／height	幅、高さを指定する。標準では\<p\>、\<h1\>、\<header\>、\<ul\>、\<div\>、\<img\>などで有効	

以上ここまででtodolist2.htmlを使って検証してきました。以降からはtodolist.htmlを使っての開発に戻ります。

8-3-4●CSSで画面装飾を適用する

ここまでは、CSSのさわりの部分のみ解説しました。基本的には、Webページの装飾の基本は次のとおりです。

① WebページをHTML要素を用いて「意味」付けする
② HTML要素に適切なclass属性を指定する
③ class属性をCSSセレクタに利用してスタイルシートを作る

ここまでで学習した方法でも、シンプルなWebページの見た目ならば作れないことはありません。ですが、Webアプリケーションとして凝った見た目のページを作

るには、ここで解説していないプロパティの使い方のみならず、要素のブロック・インライン表示の概念、要素サイズの決定の詳細などをよく把握していなければなりません。

本書では、CSSを使うと、HTML文書（Webページ）の見た目を自在に変えられるということが理解できれば十分です。HTMLやJavaScriptでWebページを作成する際は、画面装飾の部分（HTMLの基本構造の部分以外とCSS）を別のプロフェッショナル（デザイナー）に任せてしまい、あなたはJavaScriptのプログラムを作ることに専念できます。

さて、これから作成するTiny Todo Listの画面の装飾ですが、すでに完成されたCSSが用意されているので、それを適用してみましょう。

todolist.htmlの<link>要素を以下のように書き換えます。

```
<link rel="stylesheet" href="css/todolist.css">
```

すると、最終的な見た目のスタイルシートが読み込まれます。まだ、最終的な完成形の見た目にはなっていないので、**リスト8.17**に示すように、HTMLの各要素にclass属性を割り当てます[注14]。

リスト8.17 todolist.html

```
<header>
  <h1>Tiny Todo List</h1>
</header>
<div class="new-todo">
  <input type="text" class="todo-title" placeholder="What should have been done?">
</div>
<div class="todo-list">   ← div要素を追加
  <ul class="todos">
    <li class="todo todo-done">
```

（次ページに続く）

注14） CSSでそのように設定しているため、チェックボックスがいったん動作しなくなっているように見えます。

(前ページの続き)

```html
        <input type="checkbox" checked="checked">
        <label>予定1</label>
        <div class="todo-operation">
          <button value="edit" class="todo-operation-edit">✎</button>
          <button value="delete" class="todo-operation-delete">×</button>
        </div>
      </li>
      <li class="todo">
        <input type="checkbox">
        <label>予定2</label>
        <div class="todo-operation">
          <button value="edit" class="todo-operation-edit">✎</button>
          <button value="delete" class="todo-operation-delete">×</button>
        </div>
      </li>
    </ul>
  </div>
  <footer>
    <address>Copyright &copy; 2016 Your name.</address>
  </footer>
```

8-4 終わりに（9時間目以降へ進む）

　9時間目では、**8時間目**で作った完成形をスタートに作業を行います。そのまま引き続き進んでください。

　なお、**8時間目**で作ったHTMLの完成形と同じものは、附属DVDのサンプル[8hr/end/]もしくは[9hr/start/]にも用意されています。

　何らかの問題があって、うまく完成形を作れなかった場合は、附属DVDのサンプルの内容で置き換えても構いません。

Column: HTMLのclassの命名には意味／目的に起因する名前を付ける

　今回は、CSSファイルが与えられているため、CSSに合わせるようにHTMLを編集します。本来は、画面要素にWebアプリケーションにおける意味付けをclass名として与えるついでに、class名を利用してCSSの装飾を加えていくことになります。

　class名には、見た目に起因する名前を付けるのではなく、意味・目的に起因する名前を付けなければいけません。例えばエラーメッセージの表示欄だったら、クラス名を「error-message」のようにして、そのエラーメッセージが赤く表示されるからという理由で「red」としてはいけません。

　もし、「red」というclassを指定したと仮定しましょう。あとから見た目が変更になって、エラーメッセージの表示色を黄色に変更になるかもしれません。

　CSSで指定する装飾の内容を変更する必要があるのは当然ですが（例えば、「color: red;」を「color: yellow;」にする）、問題はそれだけでは終わりません。

　CSSとHTMLの「red」クラス名を「yellow」に書き直す必要があります。あるいは「class="red"」な黄色いエラーメッセージ欄（これは明らかに混乱をまねきます）ができあがってしまうでしょう。

　そうではなく始めから「error-message」とでも名付けておけば、単にCSSだけを直せばいいのです。

確認テスト

Q1 リスト8.12、13において、「Copyright © 2016 Your name.」の部分だけが赤枠で囲われるようにするためには、リスト8.13のセレクタをどのように設定すればよいでしょうか。方法を思いつくだけ考えてみましょう。

Q2 リスト8.12、13において、「赤い実線の枠で囲われる」を以下の条件に変えたいとき、リスト8.13の宣言をそれぞれどのように設定すればよいでしょうか。

1. 青い点線の枠で囲われる
2. 背景が黄色になる
3. 文字のサイズを2倍にする

※本書で取り扱っていないプロパティや値が登場します。調べてみましょう

9時間目 クライアントサイド JavaScript（前編）

この時間では、JavaScriptで画面を操作する方法を学習します。HTMLをプログラムから取り扱うためのインターフェイス、DOMの基礎について学び、画面を変更する方法を学びます。同時に、ユーザの操作を取得するためのイベントの取り扱いについて学びます。これにより、クライアントサイドにおいて動的なWebアプリケーションが作成できるようになります。

今回のゴール
- Webページの内容をプログラムで変更する方法を学ぶ
- ユーザの操作をプログラムで検知する方法を学ぶ

9-1 画面に動きを付けてみよう ～ DOM操作

9-1-1 ◎ HTMLを動的に書き換える

　Webアプリケーションで、画面が動くということはどういうことでしょうか。まずはTodoの新規追加機能を例に取ります。

　「What should have be done?」に「今日の予定」と入力して Enter キーを押すと、Todoリストに「今日の予定」が追加されます（**図9.1**、**図9.2**）。

図9.1 Enter キーを押す前

図9.2 Enter キーを押す後

　WebページはHTMLによって組み立てられます。このような画面イメージを実現するためのHTMLは**リスト9.1**、**リスト9.2**のとおりです。

リスト9.1 Enter キーを押す前

```
<!DOCTYPE html>
<html>
<head lang="jp">
  <meta charset="UTF-8">
  <title>Tiny Todo List</title>
  <link rel="stylesheet" href="css/todolist.css">
</head>
<body>
<header>
  <h1>Tiny Todo List</h1>
</header>
```

（次ページに続く）

（前ページの続き）

```html
<div class="new-todo">
  <input type="text" placeholder="What should have been done?" value="今日の予定">
</div>
<div class="todo-list">
  <ul class="todos">
    <li class="todo todo-done">
      <input type="checkbox" checked="checked">
      <label>予定1</label>
      <div class="todo-operation">
        <button value="edit" class="todo-operation-edit">✎</button>
        <button value="delete" class="todo-operation-delete">×</button>
      </div>
    </li>
    <li class="todo">
      <input type="checkbox">
      <label>予定2</label>
      <div class="todo-operation">
        <button value="edit" class="todo-operation-edit">✎</button>
        <button value="delete" class="todo-operation-delete">×</button>
      </div>
    </li>
  </ul>
</div>
<footer>
  <address>Copyright &copy; 2016 Your name.</address>
</footer>
</body>
</html>
```

リスト9.2 Enter キーを押す後

```html
<!DOCTYPE html>
<html>
<head lang="jp">
  <meta charset="UTF-8">
  <title>Tiny Todo List</title>
  <link rel="stylesheet" href="css/todolist.css">
</head>
<body>
<header>
  <h1>Tiny Todo List</h1>
</header>
<div class="new-todo">
  <input type="text" placeholder="What should have been done?" value="莉頑律縺ｪ豫亥ｮ">
</div>
<div class="todo-list">
  <ul class="todos">
    <li class="todo todo-done">
      <input type="checkbox" checked="checked">
      <label>予定1</label>
      <div class="todo-operation">
        <button value="edit" class="todo-operation-edit">✎</button>
        <button value="delete" class="todo-operation-delete">×</button>
      </div>
    </li>
    <li class="todo">
      <input type="checkbox">
      <label>予定2</label>
      <div class="todo-operation">
        <button value="edit" class="todo-operation-edit">✎</button>
        <button value="delete" class="todo-operation-delete">×</button>
```

（次ページに続く）

（前ページの続き）

```
      </div>
    </li>
  </ul>
</div>
<footer>
  <address>Copyright &copy; 2016 Your name.</address>
</footer>
</body>
</html>
```

　このような変更をプログラムで行ってやればいいのですが、HTMLの差分を「文字列として」安全に書き換えるのは難しいため、HTML文書を文字列以外の形式で取り扱いましょう。

　前の時間で、HTMLは木構造になるということを学習しました。先ほどのHTMLを木構造で表現してみます（**図9.3**、**図9.4**）。なお、ここから先は<body>だけを抽出して考えます。

図9.3　Enter キーを押す前

```
・<body> 要素
    ・<header> 要素
        ・<h1> 要素
            ・Tiny Todo List 文字列
    ・<div> 要素
        ・<input type="text" value="今日の文字列"> 要素     ①
    ・<div> 要素
        ・<ul> 要素     ②
            ・<li> 要素
                ・<input type="checkbox"> 要素
                ・<label> 要素
                    ・予定1 文字列
```

（次ページに続く）

（前ページの続き）

- `<div>` 要素
  - `<button>` 要素
    - ✎ 文字列
  - `<button>` 要素
    - × 文字列
- `<li>` 要素
  - `<input type="checkbox">` 要素
  - `<label>` 要素
    - 予定2 文字列
  - `<div>` 要素
    - `<button>` 要素
      - ✎ 文字列
    - `<button>` 要素
      - × 文字列

図9.4 Enter キーを押す後

- `<body>` 要素
  - `<header>` 要素
    - `<h1>` 要素
      - Tiny Todo List 文字列
  - `<div>` 要素
    - `<input type="text" value="">` 要素　　①
  - `<div>` 要素
    - `<ul>` 要素　　②
      - `<li>` 要素
        - `<input type="checkbox">` 要素
        - `<label>` 要素
          - 予定1 文字列
        - `<div>` 要素
          - `<button>` 要素

（次ページに続く）

（前ページの続き）

- 📎 文字列
  - \<button\> 要素
    - × 文字列
- \<li\> 要素
  - \<input type="checkbox"\> 要素
  - \<label\> 要素
    - 予定2 文字列
  - \<div\> 要素
    - \<button\> 要素
      - 📎 文字列
    - \<button\> 要素
      - × 文字列
- \<li\> 要素　③
  - \<input type="checkbox"\> 要素
  - \<label\> 要素
    - 今日の予定 文字列
  - \<div\> 要素
    - \<button\> 要素
      - 📎 文字列
    - \<button\> 要素
      - × 文字列

HTMLの木構造としての変更は次の2点です。

- \<input\>要素①のvalue属性を「今日の予定」から空へ
- \<ul\>要素②の末尾に新しい\<li\>要素③を追加

　HTMLを木構造として取り扱うというのは、これらの変更のある部分（要素）のみを変更したり追加したりするということです。これにより、画面の動きをシンプルに表現できます。

　Webブラウザは、HTMLを木構造として取り扱うモデル（DOM）を採用しています。開発者は、DOM操作のための方法を通じて、HTMLの操作を行います。

9-1-2 ◉ DOMことはじめ

　DOMはDocument Object Modelの略で、木構造になっている文書を操作するのに適したモデルとなっています。

　木の各要素（HTML要素や文字列要素）は、JavaScriptのオブジェクトとして表現されます。要素オブジェクトは子要素を保持したり、idなど属性を保持したりできます。さらに、これらの要素の操作のためのメソッドが提供されています。

◆DOMでのHTML要素の選択方法

　DOMの操作を行うためには、まず操作対象となる要素を抽出しなければなりません。

　操作対象のHTML要素を選択するための方法にはいくつかありますが、ここでは、document.querySelector()、document.querySelectorAll()を中心に解説します。これらのメソッドの特徴は、操作対象となるHTML要素の選択方法が先に学習したCSSセレクタと同じである点です。

　例えば、すべての<li>要素を選択するには、次のようにします。

```
document.querySelectorAll('li')        // [<li>, <li>, ...]
```

　すべてのclass属性がtargetのHTML要素を選択するには、次のようにします。

```
document.querySelectorAll('.target')   // [<li class="target">, <li class="target">, ...]
```

　id属性がtargetのHTML要素を選択するには、次のようになります。

```
document.querySelector('#target')      // <li id="target">
```

　.querySelector()と.querySelectorAll()は、選択対象が1件か複数件かの違いにあります。.querySelector()は、セレクタで抽出される要素がそのまま返却されます（なお、対象となる要素が複数見つかる場合は、そのうちの先頭のものが返ります。見つからない場合はnullになります）。

一方、.querySelectorAll()はセレクタで抽出される要素が配列として返却されます[注1]。

JavaScriptプログラムからDOM要素へのアクセスをする場合、要素の選択には要素名やclass名だけではなく、idも利用します。

多くのWebアプリケーションでは、同じclassの要素が繰り返し表示されるというケースが多く、繰り返しのひとつひとつをプログラムから区別する必要があるためです。例えばTiny Todo Listでは、「『予定1』を削除」という処理をするためには、「予定1」と「予定2」を区別して「予定1」だけを対象として削除しなければなりません。

先に作成したTiny Todo Listの要素に、idを割り振ってしまいます（**リスト9.3**）。

リスト9.3 プログラムで主要な要素にidを割り振ったtodolist.html

```html
<header>
  <h1>Tiny Todo List</h1>
</header>
<section class="new-todo">
  <input type="text" class="todo-title" placeholder="What should have be done?">
</section>
<section class="todo-list">
  <ul class="todos">
    <li class="todo todo-done" id="todo-1">
      <input id="todo-1-checkbox" type="checkbox" checked="checked">
      <label for="todo-1-checkbox">予定1</label>
      <div class="todo-operation">
        <button value="edit" class="todo-operation-edit">✎</button>
        <button value="delete" class="todo-operation-delete">×</button>
      </div>
    </li>
    <li class="todo" id="todo-2">
```

（次ページに続く）

注1） 厳密には配列とは異なるオブジェクトですが、[0]などのインデックスアクセスできる点で非常によく似ています。

（前ページの続き）

```
        <input id="todo-2-checkbox" type="checkbox">
        <label for="todo-2-checkbox">予定2</label>
        <div class="todo-operation">
          <button value="edit" class="todo-operation-edit">📎</button>
          <button value="delete" class="todo-operation-delete">×</button>
        </div>
      </li>
    </ul>
</section>
<footer>
    <address>Copyright &copy; 2016 Your name.</address>
</footer>
```

　ここで、すべてのHTML要素にidを付ける必要はありません。画面を動作させるのに必要になる要素だけで十分です。

　まずTodoに対応する<li>要素にtodo-Xの形式のidを付与します。これは先に解説したとおり、ひとつひとつのTodoを操作するのに必要だからです。

　もう1つは、CSSを適用した時にチェックボックスが動作しなかった問題を解消するために行います。詳細は割愛しますが、チェックボックス（<input type="checkbox">要素）と、その右側に表示されるTodoの内容（<label>）をリンクさせます。

　チェックボックスの<input>要素のidにtodo-X-checkboxを付与します。

　続いて対応する<label>要素のfor属性に<input>要素のidを指定します。

　この時点で再びチェックボックスが動作するようになります。

◆新しい要素を作る

　新しい要素を作るには、document.createElement()を使います。.createElement()はHTML要素名を引数に受け取ります。

```
var newTodo = document.createElement('li'); // 空の <li>
```

クライアントサイドJavaScript(前編)

◆要素の子要素に要素を追加する

　HTML要素の木構造を実現するためには、ある要素の子要素として要素を追加する必要があります。要素の.appendChild()メソッドを使います。

```
var newTodo = document.createElement('li'); // <li>
var checkbox = document.createElement('input'); // <input>

newTodo.appendChild(checkbox);
// <li>
//   └<input>
```

　要素の表示内容に文字列を設定する(つまり、文字列を子要素として追加する)場合、.textContentプロパティを利用します。

```
var label = document.createElement('label');
label.textContent = '予定1';
```

◆要素の属性を設定する

　id属性は、.idプロパティで取得／変更できます。

```
var newTodo = document.createElement('li'); // <li>
newTodo.id = 'todo-3';                      // <li id="todo-3">
```

　class属性は、.classListで取得／変更できます。

```
var newTodo = document.createElement('li'); // <li>
newTodo.id = 'todo-3';          // <li id="todo-3">
newTodo.classList.add('todo'); // <li class="todo" id="todo-3">
```

　.classListには、表9.1に示すメソッドが用意されています。

表9.1 .classListで提供されているメソッド

メソッド	説明
.add()	classを追加する
.remove()	classを削除する
.toggle()	指定したクラスの有無を切り替える（.add()と.remove()を交互に行う）
.contains()	特定のclassが設定されているかどうかを調べる

<input>要素のtype属性、value属性、checked属性などは、それぞれ.typeフィールド、.valueフィールド、.checkedフィールドを使います。

```
var checkbox = document.createElement('input'); // <input>
checkbox.type = "checkbox"; // <input type="checkbox">
checkbox.checked = true;    // <input type="checkbox" checked="checked">
```

その他の属性は.getAttribute()で取得、.setAttribute()で設定します。

```
var label = document.createElement('label');  // <label>
label.setAttribute('for', 'todo-3-checkbox'); // <label for="todo-3-checkbox">

label.getAttribute('for'); // -> "todo-3-checkbox"
```

9-1-3●JavaScriptに動きを付けてみよう

それでは、JavaScriptで新しいTodoの追加を行ってみましょう。まず、『<ul>要素 ②の末尾に新しい<li>要素 ③を追加』追加するコードを作ります。

Tiny Todo List クラスの小さなプログラムを作る場合は、すべてのコードを単一のJavaScript ファイルに記述しても問題が発生しませんが、プログラムの規模が大きくなるにつれ、保守が難しくなります。そのため、プログラムは適切なサイズに分割しなければなりません。

6時間目で学習したとおり、近年ではモジュール分割を行ういくつかの方法が用意されています。ここでは、古くより用いられてきた名前空間ベースでの分割を行います。

◆ **Todoを追加する**

リスト（<ul class="todos">）にTodoを追加するDOM操作ロジックなので、js/domディレクトリの中にtodos.jsを作ります。

Atomエディタの左側ペインの［15js］を右クリックして、［New File］を選択します（**図9.5**）。

続いて表示される［Enter the path for the new file.］に［js/dom/todos.js］と入力して（**図9.6**）、Enterキーを押すと、todos.jsが作られます。

図9.5 ファイルの新規作成

図9.6 新規作成ファイル名の入力

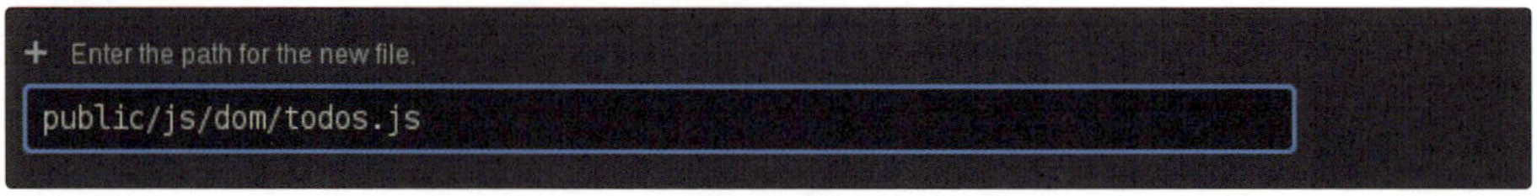

```
+ Enter the path for the new file.
public/js/dom/todos.js
```

todos.jsに**リスト9.4**のコードを記述します。

リスト9.4 js/dom/todos.jsのひな形

```javascript
var todo = todo || {};
todo.dom = todo.dom || {};
todo.dom.todos = todo.dom.todos || {};

(function(_) {
  _.add = function(todo) {

  };

})(todo.dom.todos);
```

　引数todoは、number型のid、string型のtitle、boolean型のdoneのプロパティが存在するオブジェクトであるものとします。この構造のオブジェクトを、以降Todoオブジェクトと呼ぶことにします（**リスト9.5**）。

リスト9.5 Todoオブジェクトの例

```javascript
{
  id: 10,
  title: '今日の予定',
  done: false
}
```

　リスト9.4に戻ります。add( )関数の中身は次のとおりです。

- 新しい<li>要素を作成
- <ul class="todos">要素の子要素に追加する

　まずは、<li>要素を新しく作るロジックです。**リスト9.4**のadd( )関数を**リスト9.6**のようにします。

リスト9.6 add()関数の中身

```javascript
_.add = function(todo) {
  // <li> 要素を作る
  var li = document.createElement('LI');
  li.id = 'todo-' + todo.id;
  li.classList.add('todo');
  if (todo.done) { // 完了した Todo 項目のグレーアウトに必要
    li.classList.add('todo-done');
  }
  
  var input = document.createElement('INPUT');
  input.id = 'todo-' + todo.id + '-checkbox';
  input.type = 'checkbox';
  input.checked = todo.done;
  var label = document.createElement('LABEL');
  label.htmlFor = input.id;
  label.textContent = todo.title;
  
  var div = document.createElement('DIV');
  div.classList.add('todo-operation');
  var editButton = document.createElement('BUTTON');
  editButton.value = 'edit';
  editButton.classList.add('todo-operation-edit');
  editButton.textContent = '✎';
  var deleteButton = document.createElement('BUTTON');
  deleteButton.value = 'delete';
  deleteButton.classList.add('todo-operation-delete');
  deleteButton.textContent = '×';
  
  div.appendChild(editButton);
  div.appendChild(deleteButton);
```

（次ページに続く）

（前ページの続き）

```
  li.appendChild(input);
  li.appendChild(label);
  li.appendChild(div);
};
```

リスト中の「✎」の記号は、\u270eとしても構いません[注2]。

```
editButton.textContent = '\u270e';
```

続いて、<ul class="todos">要素の子要素に追加する部分です。**リスト9.6**で入力した部分に続いて、**リスト9.7**を加えます。

リスト9.7 add()関数の中身（追加）

```
_.add = function() {
  ...

  li.appendChild(div);

  // <ul class="todos"> 要素の子要素に追加
  var todos = document.querySelector('.todos');
  todos.appendChild(li);
};
```

ここまでのプログラムを動作検証してみます。
　まず、todolist.htmlの最後、</body>（<body>要素の終了タグ）の直前に、todos.jsを読み込むプログラムとして以下を追加して保存します。

注2)　　HTML上で取り扱う場合は「✎」でした。JavaScript上では「\u270e」となります。

```
<script type="text/javascript" src="js/dom/todos.js"></script>
```

todolist.htmlをブラウザで開き、開発者ツールのConsoleから以下を実行してみましょう。

```
todo.dom.todos.add({id: 10, title: "今日の予定", done: false});
```

プログラムが正しく作られていれば、「今日の予定」がブラウザに追加されるはずです。

さて、ここで、add()メソッドの中で、「document.querySelector('.todos');」を呼び出していますが、セレクタ.todosで取得できる要素はプログラムの中では決して変化しない部分なので、add()実行時に毎回取得する必要がありません。

todo.dom.todosの機能のルートとなる要素なので、最初に1度だけ取得するように変更します。

まず、add()メソッドの宣言の上に、以下を追加します。

```
_.element = document.querySelector('.todos');

_.add = function() {
  ...
```

また、add()メソッドの最後3行を以下のように修正します。

```
// <ul class="todos">要素の子要素に追加
_.element.appendChild(li);
```

ここで、もう一度動作確認をしてみましょう。
ここまでのtodos.jsは**リスト9.8**のようになります。

リスト9.8　js/dom/todos.js

```javascript
var todo = todo || {};
todo.dom = todo.dom || {};
todo.dom.todos = todo.dom.todos || {};

(function(_) {
  _.element = document.querySelector('.todos');

  _.add = function(todo) {
    // <li> 要素を作る
    var li = document.createElement('LI');
    li.id = 'todo-' + todo.id;
    li.classList.add('todo');
    if (todo.done) { // 完了した Todo 項目のグレーアウトに必要
      li.classList.add('todo-done');
    }

    var input = document.createElement('INPUT');
    input.id = 'todo-' + todo.id + '-checkbox';
    input.type = 'checkbox';
    input.checked = todo.done;
    var label = document.createElement('LABEL');
    label.htmlFor = input.id;
    label.textContent = todo.title;

    var div = document.createElement('DIV');
    div.classList.add('todo-operation');
    var editButton = document.createElement('BUTTON');
    editButton.value = 'edit';
    editButton.classList.add('todo-operation-edit');
    editButton.textContent = '✎';
    var deleteButton = document.createElement('BUTTON');
```

（次ページに続く）

クライアントサイドJavaScript(前編)

（前ページの続き）

```
    deleteButton.value = 'delete';
    deleteButton.classList.add('todo-operation-delete');
    deleteButton.textContent = '×';

    div.appendChild(editButton);
    div.appendChild(deleteButton);

    li.appendChild(input);
    li.appendChild(label);
    li.appendChild(div);

    // `<ul class="todos">` 要素の子要素に追加
    _.element.appendChild(li);
  };
})(todo.dom.todos);
```

◆ **Todoを削除する**

次に、『<input> 要素 ①のvalue属性を「今日の予定」から空へ』削除するコードを作ります。

同じく、js/domディレクトリの中にnew-todo.jsファイルを作り、**リスト9.9**のひな形を用意します。

リスト9.9 js/dom/new-todo.jsのひな形

```
var todo = todo || {};
todo.dom = todo.dom || {};
todo.dom.newTodo = todo.dom.newTodo || {};

(function(_) {
  _.element = document.querySelector('.todo-title');
```

（次ページに続く）

(前ページの続き)

```
  _.clear = function() {

  };
})(todo.dom.newTodo);
```

続いて、clear()メソッドの中身を実装します（**リスト9.10**）。

リスト9.10 clear()メソッド

```
_.clear = function() {
  _.element.value = '';
};
```

動作検証も同じように行います。先ほど追加した<script>要素の直下に、new-todo.jsを読み込むコードとして以下の行を追加します。

```
<script type="text/javascript" src="js/dom/new-todo.js"></script>
```

todolist.htmlをブラウザで開きます（すでに開いてある場合は F5 キーで更新します）。「What should have been done?」の部分に「今日の予定」と入力してから、開発者ツールのConsoleに移って以下を実行します。

```
todo.dom.newTodo.clear();
```

「今日の予定」がクリアされて「What should have been done?」になるはずです。

さらに、「What should have be done?」に何が入力されているかを取得するメソッドを用意します。ここでは、todo.dom.todos.add()と同じ、Todoオブジェクトを返却するようにします[注3]。

注3) この場合、idは未割り当て（undefined）、doneはfalse（新規作成の予定が完了しているはずがない）となります。

clear()メソッドの下に、getTodo()メソッドを追加します[注4]（**リスト9.11**）。

リスト9.11 getTodo()メソッド

```
_.getTodo = function() {
  return {
    title: _.element.value,
    done: false
  };
};
```

動作検証は、todolist.htmlをブラウザで開き（もしくは F5 キーで更新し）、「今日の予定」を入力した状態で、以下のコードを実行します。

```
console.log(todo.dom.newTodo.getTodo());
```

次のようにのように表示されれば成功です。

```
Object {title: "今日の予定", done: false}
```

ここまでのプログラムをまとめて動作検証します。
「今日の予定」を入力した状態で、Consoleから次のプログラムを1行ずつ実行します。

```
var creatingTodo = todo.dom.newTodo.getTodo();
todo.dom.todos.add(creatingTodo);
todo.dom.newTodo.clear();
```

Todoリストに「今日の予定」が追加される動作が完成しましたね？

注4) 今回はidプロパティを設定していません。本書のプログラムでは「id: undefined」を明示的に設定する場合と挙動が変わらないので、省略しています。

9-2 イベントハンドリングとコールバック関数

9-2-1 ●イベントハンドリング

あとは、Enterキーを押した際に、先ほどのプログラムを実行するだけです。Enterキーを押すなど、ブラウザでユーザが操作を行うと、「イベント」というものが発生します。

イベントの種類やイベントの発生した要素ごとに、実行して欲しい関数を登録すると、そのイベントが発生した際に、登録した関数が実行されるようになります。

jsディレクトリの直下に、main.jsを用意します。

図9.5と同様に、Atomエディタの[15js]の下に、[js/main.js]を作ります。

main.jsに**リスト9.12**を入力します。

リスト9.12 js/main.js

```
(function() {
  todo.dom.newTodo.element.addEventListener('keydown',
onNewTodoKeydown);        ①

  function onNewTodoKeydown() {
    var creatingTodo = todo.dom.newTodo.getTodo();
    todo.dom.todos.add(creatingTodo);
    todo.dom.newTodo.clear();
  }
})();
```

リスト9.12①のでは、`<input class="todo-title">`要素(todo.dom.newTodo.element)のkeydownイベント(Enterキーが押された場合にはkeydownイベントが発生します)に、onNewTodoKeydownを登録しています。

onNewTodoKeydownのように、イベント発生時に呼び出される関数を「**イベントハンドラ**」と言います。

keydownイベントに対して、入力した内容をonNewTodoKeydown()関数として設定します。

動作検証をしてみます。先ほどまでと同じように、todolist.htmlにmain.jsを読み込むコードとして**リスト9.13**を追加して、ブラウザで開きます（F5キーで更新します）。

リスト9.13 main.jsを読み込む<script>要素を追加

```
<script type="text/javascript" src="js/main.js"></script>
```

このとき必ず、他の2つの<script>要素の「後に」追加してください。そうしないとエラーになってしまいます。

「What should have be done?」に「今日の予定」と入力してみましょう。期待通りの動作…はしません（**図9.7**）。

図9.7 1文字ごとにTodoが作られてしまう

理由は簡単で、keydownイベントは、Enterキーに限らず、すべてのキーを押した時に発生してしまい、そのたびにイベントハンドラの処理が実行されてしまうからです。

Enterキーの場合にのみ処理を実行するようにonNewTodoKeydownを書き換えます。イベントハンドラの関数には、必ず第1引数に、そのイベントの情報（イベントオブジェクト）が渡されることになっています。まず、onNewTodoKeydownの第1引数にeventを設定します。

キーが Enter かどうかを判定するには、event.keyCodeを利用します。 Enter キーが押された場合、event.keyCodeの値は「13」になります。onNewTodoKeydown()を**リスト9.14**のように書き直します。

リスト9.14 Enter キーが押された場合にのみ実行されるonNewTodoKeydown()関数

```
function onNewTodoKeydown(event) {     ← 引数を追加
  if (event.keyCoe !== 13) {
    return; // イベントを何も処理せず抜ける    ← この3行を追加
  }

  var creatingTodo = todo.dom.newTodo.getTodo();
  todo.dom.todos.add(creatingTodo);
  todo.dom.newTodo.clear();
}
```

なお、古いブラウザでは、event.keyCodeの代わりに、event.whichを使うものがあります。最近のブラウザはevent.keyCode、event.whichのいずれも利用可能ですが、event.whichは廃止予定となっています。

これで完成です。動作確認をしてみましょう。

> **Column** event引数を必ず設定しよう
>
> イベントハンドラとして登録する関数には、利用するかどうかにかかわらず「必ず」eventを引数として設定するようにしてください。
> 本書で利用しているGoogle Chromeなど、いくつかのブラウザにおいては、グローバル変数(window.event)に引数として渡されるイベントオブジェクトと同じものが格納されます。このようなブラウザにおいては、「うっかり」引数にeventを指定し忘れた場合、window.eventを暗黙のうちに利用してしまいます。
> 従って、eventを指定し忘れたプログラムも、Google Chromeで実行するかぎりは、問題なく動作します。ところが、Firefoxなどのブラウザでこうしたプログラムを実行してしまうとwindow.event`が存在しないので、エラーになってしまいます。　こうしたミス(バグ)を防ぐため、イベントハンドラとして登録する関数は、必ずeventを設定するべきです。

9-2-2●イベントの伝播モデル

ある要素をクリックしたなどのイベントは、その要素だけではなく、木構造をルート要素（<html>）までたどりながら、それぞれのHTML要素で発生します。

イベントは、最初に「**キャプチャリングフェーズ**」と呼ばれる、親要素側から子要素側へイベントが伝播する段階を経て、実際にイベントが起きた要素にたどりつき、そこで折り返します。

次に「**バブリングフェーズ**」と呼ばれる子要素側から親要素側へ伝播する段階に至ります注5）。

例えば、以下のようなHTMLがあり、<button>要素をクリックしたとします。

```
<html>
  <body>
    <ul>
      <li>
        <button>
      </li>
    </ul>
  </body>
</html>
```

すると、次の順序でイベントが発生します。

① <html>要素（キャプチャリング）
② <body>要素（キャプチャリング）
③ <ul>要素（キャプチャリング）
④ <li>要素（キャプチャリング）
⑤ <button>要素（キャプチャリング）
⑥ <button>要素（バブリング）
⑦ <li>要素（バブリング）
⑧ <ul>要素（バブリング）

注5）　もし、イベントが起きた要素に（イベントが起きていない）子要素があった場合は、その子要素には伝わりません。

⑨ <body>要素（バブリング）
⑩ <html>要素（バブリング）

そして、ブラウザのデフォルトの挙動（<a>要素クリックでリンク先へ移動など）は、これらのイベントがすべて発生した「後」に実行されます。

通常はバブリングフェーズで呼び出されるようにイベントハンドラの登録を行います。キャプチャリングフェーズは利用しません[注6]。

このイベント伝播モデルは、<ul>などのように、任意件数の子要素を保持するリスト系のUIのイベントハンドラ登録に利用します。すると、イベントハンドラの個数を少なく抑えられます。

例えば、多数存在する<ul>の子孫要素の<button>要素のひとつひとつにイベントハンドラを登録する代わりに、親要素となる<ul>に1つだけイベントハンドラを登録するのです。

そうすると、画面制御にあわせてイベントハンドラを動的に追加するプログラムを書かなくてよいだけでなく、大量件数の表示時の速度劣化を防げます。

◆ preventDefault()とstopPropagation()

バブリングフェーズが終わった後の、ブラウザのデフォルトの挙動を止めたい場合は、event.preventDefault()を呼び出します。この場合、イベントの伝播は継続して起こります。

イベントの伝播を途中で止めたい場合は、event.stopPropagation()を呼び出します。event.stopPropagation()だけを呼び出した場合は、続くイベントの伝播は完全に停止しますが、そのままブラウザのデフォルト挙動が実行されてしまいます。preventDefault()とstopPropagation()の両方を呼び出せば、イベントの伝播、ブラウザのデフォルト挙動の両方が停止します。

注6） 先ほどのaddEventListner()メソッドは、デフォルトではバブリングフェーズにイベントハンドラを登録します。

9-2-3 ◉ 残りの機能も実装しよう

◆「×」ボタンをクリックすると、Todoが削除される

Todoはたくさん登録されると想定できるので、先ほど説明したイベントハンドラの節約を早速使ってみます。

イベントハンドラは「×」ボタンそのものではなく、<ul>要素に設定します（**リスト9.15**）。

リスト9.15 js/main.jsへのイベントハンドラの登録

```
todo.dom.todos.element.addEventListener('click', onTodosClick);
```

onTodosClick()は、<ul>要素やその子（孫）要素であればどの要素がクリックされた場合にも呼び出されます。

「×」ボタンがクリックされた場合にだけTodoを削除するためにはどうすればよいでしょうか。

実際に「×」ボタンがクリックされると、クリックされた「×」ボタンの要素はevent.targetに格納されます。これを使って、「×」ボタンがクリックされたのかどうかを判定できます。

クリックされたのが「×」ボタンなら、削除ロジックを呼び出すようにします（**リスト9.16**）。

Column コンポーネント開発とevent.preventDefault()

本書の範疇ではありませんが、コンポーネントベースの開発をする際に、より上位のコンポーネント／プログラムに「イベントのキャンセル」を伝える目的でevent.preventDefault()を使うこともあります。

その場合、キャンセル処理は自前で用意する必要があります。event.defaultPreventedの値を確認して、処理を分岐させます。

リスト9.16 onTodosClick()関数 (js/main.js)

```js
function onTodosClick(event) {
  if (todo.dom.todos.isDeleteButton(event.target)) {
    onDeleteButtonClick(event);
  }
}

function onDeleteButtonClick(event) {
  if (!confirm('Do you really want to remove the todo?')) {
    return; // キャンセルを押したら何もしない
  }
  todo.dom.todos.remove(event.target);
}
```

todo.dom.todos.isDeleteButton()、todo.dom.todos.remove()はまだ存在しないので、続いてjs/dom/todos.jsを編集して追加します（**リスト9.17**）。

リスト9.17 「×」ボタンかどうかを判定するisDeleteButton()関数と、Todo要素を削除するremove()関数 (js/dom/todos.js)

```js
_.isDeleteButton = function(element) {
  return element.classList.contains('todo-operation-delete');
};

_.remove = function(element) {
  var todoElement = findTodoElement(element);
  todoElement.remove();
};

function findTodoElement(element) {
  var e = element;
  while (!!e && !e.classList.contains('todo')) {
```

（次ページに続く）

（前ページの続き）

```
    e = e.parentNode;
  }
  return e;
}
```

todo.dom.todos.remove()には、「×」ボタンが渡されます。削除しなければならないのは「×」ボタンではなく、「×」ボタンの親要素である<li class="todo">要素です。そのため、「×」ボタンから先祖要素を検索し、<li class="todo">要素を返す関数findTodoElement()を用意しました。

findTodoElement()は、無名関数内で宣言されている関数なので、その外部から呼び出すことはできません。

◆「✎」ボタンをクリックすると、Todoが編集できるようにする

HTML5では、多くのHTML要素の内容がブラウザ上で編集できるようになります。要素のcontentEditable属性を「'true'」に設定します[注7]。

編集「✎」ボタンをクリックしたときには、削除「×」ボタンと同じく最初にonTodosClick()が呼び出されます。

まずは、押されたボタンが「✎」ボタンであれば、Todoの文字列の部分の状態を「編集中」に切り替えます。

次に、カーソルをエディタ部に移動させると、すぐにTodoを編集できるようになります。

js/main.jsファイルを**リスト9.18**のように、js/dom/todos.jsを**リスト9.19**のようにそれぞれ編集します。**リスト9.19**で編集する関数は、「✎」ボタン稼働かを判定するisEditButton()関数、編集状態を切り替えるsetEditing()関数、Todo文字列にカーソルを移動させるfocusToEditor()関数です。

注7) JavaScriptのcontentEditableプロパティはboolean値ではなく、文字列の"true"です。contentEditableは"true"、"false"、"inherit"の3つの値を取ります。

リスト9.18 「✎」ボタンの処理 (js/main.js)

```javascript
function onTodosClick(event) {
  if (todo.dom.todos.isDeleteButton(event.target)) {
    onDeleteButtonClick(event);
  } else if (todo.dom.todos.isEditButton(event.target)) {
    onEditButtonClick(event);
  }
}

function onEditButtonClick(event) {
  todo.dom.todos.setEditing(event.target, true); // 編集可能モードにする
  todo.dom.todos.focusToEditor(event.target);    // エディタ部にカーソルを
                                                 //   移動する
}
```

リスト9.19 「✎」ボタンの処理 (js/dom/todos.js)

```javascript
_.isEditButton = function(element) {
  return element.classList.contains('todo-operation-edit');
};

_.setEditing = function(element, editing) {
  var editorElement = findTodoElement(element).querySelector('label');
  editorElement.contentEditable = editing ? 'true' : 'inherit';
  if (editing) {
    editorElement.setAttribute('data-backup', editorElement.textContent);
  }
};

_.focusToEditor = function(element) {
  var editorElement = findTodoElement(element).querySelector('label');
  editorElement.focus();
};
```

editingがtrueの時は、編集モードがONになりますが、単にONにするだけでなく、ユーザが編集した内容をキャンセルした時にもとに戻せるように、バックアップも取ります。このバックアップは、data-backupという、HTML要素のカスタム属性を利用しています。

◆Todoの編集時にキーを押すと編集内容が確定する

Todoの新規作成時とほぼ同様です。**リスト9.20**のように、keydownイベントへのハンドラをtodo.dom.todos.elementに登録します。

リスト9.20 js/main.js

```
todo.dom.todos.element.addEventListener('keydown', onTodosKeydown);
```

続いて、イベントハンドラの内容を作ります（**リスト**9.21、**リスト**9.22）。

Column　カスタム属性

HTML5では、標準で提供されている属性のほか、プログラムの都合に応じて、任意のカスタム属性を追加してよいとされています。このとき、カスタム属性名は「data-」から始まっていなければなりません。

なお、findTodoElement()の結果の<li>要素に対して、querySelector()を実行すると、検索対象が<li>要素の子孫要素に限定されます。

```
// HTML 文書全体から <label> 要素を探す
document.querySelector('label');
// <li> 要素の子孫の中から <label> 要素を探す
findTodoElement(element).querySelector('label');
```

リスト9.21 js/main.js

```js
function onTodosKeydown(event) {
  if (!todo.dom.todos.isEditing(event.target)) {
    return;
  }
  if (event.keyCode !== 13) {
    return;
  }

  var updatingTodo = todo.dom.todos.getTodo(event.target);
  todo.dom.todos.refresh(event.target, updatingTodo);
  todo.dom.todos.setEditing(event.target, false);
}
```

リスト9.22 js/dom/todos.js

```js
_.isEditing = function(element) {
  var editorElement = findTodoElement(element).querySelector('label');
  return editorElement.contentEditable === 'true';
};

_.getTodo = function(element) {
  var todoElement = findTodoElement(element);
  var todoId = Number(/^todo-([0-9]+)$/.exec(todoElement.id)[1]);    ①
  return {
    id: todoId,
    title: todoElement.querySelector('label').textContent,
    done: todoElement.querySelector('input').checked
  };
};
```

（次ページに続く）

（前ページの続き）

```
_.refresh = function(element, todo) {
  var todoElement = findTodoElement(element);
  todoElement.id = 'todo-' + todo.id;
  if (todo.done) {
    todoElement.classList.add('todo-done');
  } else {
    todoElement.classList.remove('todo-done');
  }
  todoElement.querySelector('label').textContent = todo.title;
  todoElement.querySelector('input').checked = todo.done;
};
```

　途中、todo.dom.todos.getTodo()の①は、Todoの<li>要素にtodo-12という形式で設定されたid属性の文字列から12という数字を抜き出すためのコードです。

◆Todoの編集時に Esc キーを押すと編集を破棄して完了する

　js/main.jsのonTodosKeydownを改変します。 Esc キーのキーコードは 27 です。まず以下に該当する部分をswitch文に書き換えて**リスト9.23**のようにします。

```
if (event.keyCode !== 13) {
  return;
}

var updatingTodo = todo.dom.todos.getTodo(event.target);
todo.dom.todos.refresh(event.target, updatingTodo);
todo.dom.todos.setEditing(event.target, false);
```

リスト9.23 switch文に書き換えた後のonTodosKeydown() (js/main.js)

```
switch (event.keyCode) {
  case 13:
    var updatingTodo = todo.dom.todos.getTodo(event.target);
    todo.dom.todos.refresh(event.target, updatingTodo);
    todo.dom.todos.setEditing(event.target, false);
    break;
}
```

ここにキーコード 27（Escキー）の処理を足します。編集前のTodoのタイトルは<label>要素のdata-backup属性に保存されています。

onTodosKeydown()を**リスト9.24**のように、またjs/dom/todos.jsに**リスト9.25**を追記します。

リスト9.24 Escキーの処理を追加したonTodosKeydown() (js/main.js)

```
switch (event.keyCode) {
  case 13:
    var updatingTodo = todo.dom.todos.getTodo(event.target);
    todo.dom.todos.refresh(event.target, updatingTodo);
    todo.dom.todos.setEditing(event.target, false);
    break;
  case 27:
    var backupTodo = todo.dom.todos.getBackup(event.target);
    todo.dom.todos.refresh(event.target, backupTodo);
    todo.dom.todos.setEditing(event.target, false);
    break;
}
```

9時間目 クライアントサイドJavaScript（前編）

リスト9.25 編集前のTodoタイトルを取得するgetBackup()関数（js/dom/todos.js）

```javascript
_.getBackup = function(element, todo) {
  var todoElement = findTodoElement(element);
  var todoId = Number(/^todo-([0-9]+)$/.exec(todoElement.id)[1]);
  return {
    id: todoId,
    title: todoElement.querySelector('label').getAttribute('data-backup'),
    done: todoElement.querySelector('input').checked
  };
};
```

◆ **Todoの編集時のマウスクリックでチェックボックスが反応しないようにする**

Todo編集時（todo.dom.todos.isEditing(event.target) === true）の時、Todoの<li>要素のclickイベントをキャンセル（event.preventDefault()）すればいいです（リスト9.26）注8。

リスト9.26 js/main.js

```javascript
function onTodosClick(event) {
  if (todo.dom.todos.isEditing(event.target)) {
    event.preventDefault();
    return;
  }

  if (todo.dom.todos.isDeleteButton(event.target)) {
    onDeleteButtonClick(event);
  } else if (todo.dom.todos.isEditButton(event.target)) {
    onEditButtonClick(event);
  }
}
```

注8) 幸いにも、この方法でマウスによるカーソル選択はキャンセルされません。この書き方だと、一時的に「✎」や「×」ボタンも動作しなくなります。

◆ Todoの完了にチェックを入れたときに、テキストをグレーアウトする

　<input type="checkbox">要素のchangeイベントを利用します。イベントハンドラは、これまでと同様に、親（祖先）要素となる<ul>に対して登録します。
　テキストをグレーアウトする方法ですが、JavaScriptからは<li>要素のclass属性にtodo-doneを追加と削除を行います。CSSではtodo-doneの有無に応じて色が変わるようにします。
　CSSはすでにできあがっているので、ここでは、class属性の制御を行います。
　まずは、イベントハンドラを登録してしまいます（**リスト9.27**、**リスト9.28**）。

リスト9.27 js/main.js
```
todo.dom.todos.element.addEventListener('change', onTodosChange);
```

リスト9.28 js/main.js
```
function onTodosChange(event) {
  var updatingTodo = todo.dom.todos.getTodo(event.target);
  todo.dom.todos.refresh(event.target, updatingTodo);
}
```

　ここまででひと通りの機能が付きました。ここまでのプログラムを実行して動作を確認してみましょう。
　完成形はROMの［9hr/end/］になっているはずです。

確認テスト

Q1 完了状態（チェックボックスがON）のTodoをクリックしたとき、「Do you want to make the task undone?」という確認ダイアログを表示して、[Yes]を選択した場合にのみタスクが未完了状態に戻るように変更してみましょう。

Q2 完了したタスクをまとめて削除する機能を作成しましょう。todolist2.htmlに画面（HTML）は用意されています。ただし、todo-cs.jsやtodo.jsには変更しないものとします。

10時間目 クライアントサイド JavaScript（後編）

この時間では、サーバと非同期的なデータ通信を行う方法について学習します。Ajax通信をPromiseベースで操作する方法を通じて、非同期処理の基礎について学びます。この時間でついにTiny Todo Listが完全な形で動作するようになります。ボリュームは多いですが、諦めずに学習してゆきましょう。

今回のゴール
- サーバに保存されたデータを読み込む方法を学ぶ
- サーバにデータを保存する方法を学ぶ

10-1 サーバとデータをやりとりしてみよう

10-1-1 ● データを取り扱う～ JSONフォーマット

　クライアントサイドJavaScriptでは、データはJSON（JavaScript Object Notation）という形式で取り扱うのが容易です[注1]。

　JSONはJavaScriptのオブジェクトの表記法をベースとして作られていますが、仕様がシンプルであることから、JavaScriptに限らず、さまざまなプログラミング言語でサポートされます。

　概要は次のとおりです

- 値として有効なものは、true、false、null、数値、文字列、配列、連想配列のみ
- 文字列は「"」で囲わなければならない（「'」や「`」（テンプレート文字列）は利用できない）

注1) 仕様はREF 7159（https://tools.ietf.org/html/rfc7159）やECMA-404（http://www.ecma-international.org/publications/standards/Ecma-404.htm）としてまとめられています。

- 連想配列は「{」〜「}」のリテラルで定義する。「"キー名1": 値1, "キー名2": 値2」のように、「:」でキーと値を区切り、キー・値ペアは「,」で区切る
- 連想配列のキーは「"」で囲った文字列でなければならない
- 配列は「[」〜「]」のリテラルで定義する
- 空白文字はJavaScriptの配列リテラルやオブジェクトリテラルと同様に利用できる
- コメントは利用できない

例えば**リスト**10.1のような形式になります。

リスト10.1 有効なJSON形式の例

```
{"first": "yamada", "last": "taro", "age": 20}

true

[10, {"x": 20}, "文字列"]

{
  "x": "10",
  "y": {
    "a": null,
    "b": [1, 2, 3]
  }
}
```

上記はすべて「有効な」JSONになります。有効なJSONは、JavaScriptプログラムとしても有効で、そのまま変数などに代入できます。

リスト10.2はJavaScriptプログラムとしては有効でも、JSONとしては無効になります。

リスト10.2 無効なJSON形式の例

```
{first: "yamada", "last": 'taro', `age`: 20}
[function(x) { return x; }, undefined, /*コメント*/ true]
```

JSON形式のデータは、まず文字列として取り扱われます（**リスト**10.3）。

リスト10.3 JSON文字列

```
var json = '{"first": "yamada", "last": "taro", "age": 20}';
```

必要に応じて、JSONの文字列表現をJavaScriptオブジェクト（もしくはプリミティブ値）に変換したり、逆にJavaScriptオブジェクトをJSONの文字列表現に変換したりします。

JSONの文字列表現からJavaScriptのオブジェクトへの変換はJSON.parse()を用います（**リスト**10.4）。

リスト10.4 JSON文字列をJavaScriptオブジェクトに変換する

```
var obj = JSON.parse('{"first": "yamada", "last": "taro", "age": 20}');
/// -> {first: "yamada", last: "taro", age: 20}
```

JavaScriptのオブジェクトからJSON文字列表現への変換にはJSON.stringify()を用います（**リスト**10.5）。

リスト10.5 JavaScriptオブジェクトをJSON文字列に変換する

```
var json = JSON.stringify({first: "yamada", last: "taro", age: 20});
/// -> '{"first":"yamada","last":"taro","age":20}'
```

10-1-2 ●非同期処理とPromiseパターン

JavaScriptで外部のサーバからデータを操作（取得・保存）するためにはHTTPを用います。一般的に、Webブラウザの動いているクライアントと、Webサービスを

提供するサーバは物理的に離れた場所に存在します。そのため、データの保存や取得が完了するまでに時間がかかります[注2]。

例えば**リスト10.6**のような同期的なデータ操作を行おうとすると、データが返却されるまで、しばらくの間ブラウザが「停止」します。

リスト10.6 データ操作プログラムを「同期的に」書いてみると…

```javascript
function doSomething(myList) {
    // 結果（myList）を利用する処理
}
```

```javascript
var myList = fetchMyList(); // データが取得できるまでいつまでも待ちます

// 以下、結果（myList）を利用した処理… はなかなか実行されない
doSomething(myList);
```

そのため、クライアントサイドJavaScriptにおいては、データの操作はすべて「非同期的」でなければなりません。

非同期処理において、データ操作を行う場合は、まずはデータ操作のリクエストを発行することになります。この時、同時に「コールバック」関数を登録しておきます。その後、データ操作の完了を待たずに、他の処理を行います（他の処理が必要ない場合は、いったんプログラムは終了します）。

データの操作が終わったタイミングで、コールバック関数が呼び出されるので、データを利用した処理をコールバック関数の中で実行します（**リスト10.7**）。

リスト10.7 データ操作プログラムを「非同期的に」書いてみると…

```javascript
// データが取得できたら doSomething 呼んでね。それまで他のことやってるから
fetchMyList(doSomething);
```

コールバック関数の登録は、イベントハンドラの登録と同じだと思いませんか？

注2) 一般的には、少なくとも0.1秒程度は、長い場合には1秒以上かかることもあります。

10時間目 クライアントサイドJavaScript（後編）

イベントハンドラの登録のやり方を振り返ってみましょう。**9時間目**では、あらかじめイベントハンドラを要素に登録しておきます。イベントが発生したタイミングで、イベントハンドラが呼び出されるので、必要な処理をその中で実行しました。

実は、イベントハンドラも、コールバック関数の一つの形態なのです。

データ操作の場合は、データ操作のリクエストに対応して、データ操作の結果がイベントとしてコールバック関数に送られると考えてしまえばよいのです。

ところが、コールバック関数を利用した方法には、「コールバック地獄」という問題が発生しやすい、というリスクがあります。

例えば、A、B、Cという3つのデータを取得し、（すべてのデータが揃ったら）処理を行うとします。コールバック関数を用いてシンプルに記述すると、**リスト10.8**のようになります。

リスト10.8 3つの非同期処理をコールバック関数でつなぐ

```
function doSomething(a, b, c) {
    // a, b, c を使った処理
}
```

```
fetchA(function(a) {
    fetchB(function(b) {
        fetchC(function(c) {
            doSomething(a, b, c);
        });
    });
});
```

ところが、このような書き方だと、コールバック関数の入れ子（ネスト）が深くなってしまい、コードが読みづらくなってしまいます。

さらに問題なことに、A、B、Cは（この例では）独立しているにも関わらず、必ずA→B→Cの順番でデータ取得リクエストを発行しています。

Aの取得が終わらない限りは、Bの取得が始まりません。データ操作全体は非同期的になっているように見えますが、それぞれの操作は順番に実行されます[注3]。最終的にデータが揃うまでの時間の効率が悪い書き方になっています[注4]。

　リスト10.9は、A、B、Cのリクエストを同時に発行し、すべてのデータ取得が完了したタイミングでdoSomething()を呼ぶプログラムです[注5]。

リスト10.9 並列にリクエストを発行するプログラム

```
var a;
var b;
var c;
var count = 3;

fetchA(function(_a) {
    a = _a;
    if (--count === 0) {
        doSomething(a, b, c);
    }
});

fetchB(function(_b) {
    b = _b;
    if (--count === 0) {
        doSomething(a, b, c);
    }
});
```

（次ページに続く）

注3）　このように処理が順番に行われることを「直列」と言います。
注4）　順番に操作しなければならない場合には、もちろんこのような書き方が正しいです。
注5）　「直列」に対して「並列」と言います。

（前ページの続き）

```
fetchC(function(_c) {
    c = _c;
    if (--count === 0) {
        doSomething(a, b, c);
    }
});
```

このプログラムは正しく、かつもっとも高速に動作しますが、非常に複雑で可読性が悪いコードになってしまいます。

これを解消する1つの有力な方法は、Promiseを使うことです。Promiseとは、「データ引換券」に相当するオブジェクトです。Promiseは最新のECMAScript 2015で正式に標準化されました。主要なブラウザの最新バージョンでは、既にサポートされています。

◆Promiseを使った非同期処理

Promiseを使った非同期処理では、「データ引換券」に相当するPromiseオブジェクトを受け取ります。

Column　Promiseがサポートされないブラウザの対応

　古いバージョンのブラウザなどでは、過去バージョンのECMAScript／JavaScriptしかサポートされていないので、そのままではPromiseは使えません。

　もともと、過去バージョンのECMAScript／JavaScriptでPromiseを実現するためのライブラリがいくつも開発されています（歴史的にはそれらのライブラリを標準化したのがECMAScript 2015Promiseです）。

　ECMAScript 2015のPromiseの仕様に準拠したライブラリ（これをshimあるいはpolyfillと言います）を利用すれば、過去バージョンのブラウザでもPromiseを利用できます。

　デメリットとしては、古いバージョンのブラウザではごくわずかに動作が遅くなってしまうことですが、ほぼ気にする必要はありません。

Promiseオブジェクトには、then()というメソッドが定義されており、引数にコールバック関数を渡すようになっています。データ取得など、非同期処理が終わった場合に、then()に渡したコールバック関数が呼び出されます。

例えば、先ほどのfetchMyList()関数が、コールバック関数を受け取る代わりに、Promiseオブジェクトを返却する場合、**リスト10.10**のようになります。

リスト10.10 PromiseベースのfetchMyList()関数の使い方

```
fetchMyList()
  .then(function(myList) {
    doSomething(myList);
  });
```

なお、then()に渡すコールバック関数の中で、1回だけメソッド呼び出しを行い、かつ、その引数リストと、コールバック関数の引数リストが一致する場合、**リスト10.11**のように短く記述できます。

リスト10.11 PromiseベースのfetchMyList()関数の使い方・その2

```
fetchMyList()
  .then(doSomething);
```

Promiseの特徴として、非同期処理に失敗した場合のコードを（別のコールバック関数として）渡せる点が挙げられます。

データ通信のような非同期処理は、通信環境によっては、処理に失敗する可能性があります。Promiseパターンには、処理成功時に呼び出されるコールバック関数を設定するthen()の他、処理失敗時に呼び出されるコールバック関数を設定するcatch()が用意されています。

then()、catch()はfetch(〜).then(〜).catch(〜)のように、.を使って繋げられるようになっています（**リスト10.12**）。

リスト10.12 処理に失敗した場合にエラーメッセージを表示する

```
fetchMyList()
    .then(function(myList) {
        doSomething(myList);
    })
    .catch(function(error) {
        window.alert(error);
    });
```

catch()に設定するコールバック関数の第1引数は、エラー情報（エラーメッセージまたは例外オブジェクト）になります[注6]。

なお、.then()は第2引数に失敗時のコールバック関数を設定できますので、上記のコードは**リスト10.13**のように書き換えられます[注7]。

リスト10.13 .then()で失敗時の処理をまとめて記述する

```
fetchMyList()
    .then(function(myList) {
        doSomething(myList);
    }, function(error) {
        window.alert(error);
    });
```

Promiseの特筆すべきもう1つの点は、非同期処理を束ねるコードが簡素に書けるところです。先ほどの、A、B、Cの3つの非同期処理をPromiseを使って書きなおしてみましょう。

まず前提として、fetchA()～fetchC()がPromiseオブジェクトを返すものとします。3つの処理を並行で実行し、すべてが成功した場合に次の処理を行いたい場合は、Promise.all()を用います。サンプルコードは**リスト10.14**のようになります。

注6）　エラーメッセージ（string）、例外オブジェクト（Error）のいずれになるかは、一般的には開発するアプリケーションの中で統一されます。詳しくは**11時間目**で扱います。

注7）　両者は厳密には同じではありません。doSomething()が例外を発生させた場合に挙動が変化します。

リスト10.14 Promise.all()のサンプル

```
Promise.all([
    fetchA(), fetchB(), fetchC()
]).then(function(data) {
    var a = data[0]; // fetchA()の結果
    var b = data[1]; // fetchB()の結果
    var c = data[2]; // fetchC()の結果
    doSomething(a, b, c); // doSomething(data[0], data[1], data[2]); としても良い
});
```

Promise.all()は複数のPromiseを配列として受け取ります。then()に渡すコールバック関数では、結果が対応する順番で格納された配列が渡されます。このコードは**リスト10.9**と同様に高速に動作しますが、コードは大幅に簡潔になります。Promiseは、複雑な非同期処理の制御を比較的簡単なプログラムにするのに役立ちます。

Column 分割代入を使ってもっと簡素に

ECMAScript 2015の新しい機能として、「分割代入」というものがあります。本書執筆時点では対応ブラウザが少ないのですが、分割代入を使うと、リスト10.14のコードはもっと簡単になります。

```
Promise.all([
    fetchA(), fetchB(), fetchC()
]).then(function([a, b, c]) {
    doSomething(a, b, c);
});
```

クライアントサイドJavaScript（後編）

10-2 XMLHttpRequestを使ったデータ通信

10-2-1 ●XMLHttpRequestの使い方

JavaScriptで外部のサーバからデータを読み込むには、XMLHttpRequestというブラウザ組み込みオブジェクトを利用します。

XMLHttpRequestで取得した通信結果に基づいてHTMLを動的に書き換える技術を、Ajax（Asynchronous JavaScript + XML）と呼びます[注8]。

XMLHttpRequestでデータの使い方は以下のとおりです。

まず、XMLHttpRequestのインスタンスを用意します[注9]。

```
var xhr = new XMLHttpRequest();
```

続いて、HTTPメソッド（GET、POSTなど）およびURLを設定します。

```
xhr.open('GET', 'http://www.example.co.jp/path/to/access');
```

データは非同期的に取得するので、データ取得時のコールバック関数を記述します。データはresponseTextなどで取得できます。

```
xhr.addEventListener('load', function(event) {
    var body = xhr.responseText;
    if (xhr.status === 200) {
```

（次ページに続く）

注8) XML HttpRequestという名称はXMLベースでデータをやりとりするMicrosoft Active Xの機能に由来します。

注9) XMLHttpRequestという名前は長いので、インスタンスの変数名としてxhrという略称が慣習的に用いられます。

（前ページの続き）

```
        // データの取得に成功した場合
    } else {
        // データの取得に失敗した場合
    }
});
```

最後に、send()を呼び出します。

```
xhr.send();
```

なお、POST、PUTなどのメソッドを用いる場合、send()メソッドを利用して追加のデータを送信できます。その場合、データの形式をsetRequestHeader()を用いて設定しなければなりません。例えば、HTMLのフォーム送信形式（application/x-www-form-urlencoded）で送信する場合、以下のようになります。

```
xhr.setRequestHeader('Content-Type', 'application/x-www-form-urlencoded');
xhr.send('name=Yamada');
```

10-2-2●Promiseを使ってXMLHttpRequestを操作する

　XMLHttpRequestは、汎用的に設計されている一方、先ほど解説したような「定型句」を何度も書く必要があります。そのため、仕様の統一された、あるWebアプリケーションを開発するうえでは、いささか冗長になります。そこで、多くの場合、XMLHttpRequestをラップした共通プログラムを用意することになります。
　ここでは、先に学習したPromiseパターンを利用することにします（**リスト10.15**）。

リスト10.15 XMLHttpRequestをラップしたAjax（HTTPデータアクセス）関数

```javascript
function http(method, url, data) {
  return new Promise(function(resolve, reject) {
    var xhr = new XMLHttpRequest();
    xhr.addEventListener('load', function(event) {
      var result = xhr.responseText ? JSON.parse(xhr.responseText) : undefined;
      if (xhr.status === 200) {
        resolve(result);
      } else {
        reject(result || xhr.statusText);
      }
    });
    xhr.addEventListener('error', function(event) {
      reject(xhr.statusText);
    });
    xhr.open(method, url);
    xhr.setRequestHeader('Content-Type', 'application/json;charset=UTF-8');
    xhr.send(JSON.stringify(data));
  });
}
```

リスト10.15のhttp()関数は、HTTP通信を介してJSON形式でデータを取得・送信する関数です。データはPromiseオブジェクトとして返却されます。

http()関数は**リスト10.16**や**リスト10.17**のように利用します。

リスト10.16 データ取得でhttp()を利用する

```javascript
http('GET', 'http://www.example.co.jp/api/message/1')
  // '{"id": 1, "message": "Hello world!"}' のような JSON が返却される
  .then(function(data) {
    console.log('id = 1 のメッセージ: ' + data.message);
  })
  .catch(function(error) {
    console.error(error);
  });
```

リスト10.17 データ保存でhttp()を利用する

```javascript
http('POST', 'http://www.example.co.jp/api/message/new', {message: 'It works!'})
  // '{"id": 2, "message": "It works!"}' のような JSON が返却される
  .then(function(data) {
    console.log('id = ' + data + 'で新規保存しました: ' + data.message);
  })
  .catch(function(error) {
    console.error(error);
  });
```

10-2-3 ● RESTful Web APIとCRUD操作

　RESTful Web APIとは、HTTPを介してリソースを操作（CRUD; Create: 追加、Read: 取得、Update: 更新、Delete: 削除）するように設計されたWebアプリケーションの外部仕様のことです。

　HTTPのリクエストは「何を」「どうする」という形式になります。「何を」はURL、「どうする」がメソッドに対応します[注10]。

注10) URLはブラウザでWebページを見るときの「アドレス」としてお馴染みですね。メソッドは普段意識することはありませんが、ページを見る（取得する）場合はGETを使っています。

10時間目 クライアントサイドJavaScript（後編）

URLがWebアプリケーションで取り扱うリソースとして一意に決まり、HTTPメソッド（POST、GET、PUT、DELETE）がCRUDの各操作に対応するようになっています。

例えば、以下のようになります。

- POST http://www.example.co.jp/api/message/new
  新規メッセージを追加する
- GET http://www.example.co.jp/api/message/1
  id = 1 のメッセージを取得する
- GET http://www.example.co.jp/api/message/all
  メッセージをすべて取得する
- PUT http://www.example.co.jp/api/message/1
  id = 1 のメッセージを更新する
- DELETE http://www.example.co.jp/api/message/1
  id = 1 のメッセージを削除する

10-3 Tiny Todo Listにデータ通信機能をつける

10-3-1 ● データアクセスのプログラム

では、実際にデータアクセスのプログラムを書いてみましょう。**9時間目**と同様に、名前空間を定義します。todo.data.todo とします。

また、先ほどのhttp( )関数は、サーバと通信する関数（todo.data.todo 名前空間で定義される関数）だけが利用できればよいです。そのため、無名関数内に閉じ込めるほうがいいでしょう。

js/data/todo.jsを作成し、**リスト10.18**を入力してください[注11]。

[注11] リスト10.18では、クロージャを用いてhttp( )関数をjs/data/todo.jsの中だけで使えるようにしました。あるいは、http( )メソッドを共通ロジックとして、todo.data 名前空間に属する公開関数としても良いです。

リスト10.18 js/data/todo.js

```javascript
var todo = todo || {};
todo.data = todo.data || {};
todo.data.todo = todo.data.todo || {};

(function(_) {
  function http(method, url, data) {
    return new Promise(function(resolve, reject) {
      var xhr = new XMLHttpRequest();
      xhr.addEventListener('load', function(event) {
        var result = xhr.responseText ? JSON.parse(xhr.responseText) : undefined;
        if (xhr.status === 200) {
          resolve(result);
        } else {
          reject(result || xhr.statusText);
        }
      });
      xhr.addEventListener('error', function(event) {
        reject(xhr.statusText);
      });
      xhr.open(method, url);
      xhr.setRequestHeader('Content-Type', 'application/json;charset=UTF-8');
      xhr.send(JSON.stringify(data));
    });
  }
})(todo.data.todo);
```

今回必要なのは、次の操作です。HTTPメソッド及びURLも決めてしまいます[注12]。

注12) {id}は数字が入る。URLのドメイン部（http://www.example.co.jp/）は省き、Webアプリケーションのページからの相対的なアドレスとして記述します。

10時間目 クライアントサイドJavaScript（後編）

- Todoを追加する：POST api/todo/new
- すべてのTodoを取得する：GET api/todo/all
- Todoを更新する：PUT api/todo/{id}
- Todoを削除する：DELETE api/todo/{id}

まずはTodoの追加ロジックです。js/data/todo.jsに**リスト10.19**を追記します。

リスト10.19 Todoを追加するcreate()関数

```
_.create = function(creatingTodo) {  ※1
  return http('POST', 'api/todo/new', creatingTodo);
};
```

※1 creatingTodoを単にtodoとしても構いませんが、名前空間のtodoとかぶってしまうので、名前を変えています。

メソッドとURLを記述するだけのシンプルなコードです。同様に、残りのロジックも記述してみましょう。

最終的なコードは**リスト10.20**のとおりです。

リスト10.20 最終的なjs/data/todo.jsの内容

```
var todo = todo || {};
todo.data = todo.data || {};
todo.data.todo = todo.data.todo || {};

(function(_) {
  _.create = function(creatingTodo) {
    return http('POST', 'api/todo/new', creatingTodo);
  };

  _.fetchAll = function() {
    return http('GET', 'api/todo/all');
  };
```

（次ページに続く）

（前ページの続き）

```javascript
  _.update = function(updatingTodo) {
    return http('PUT', 'api/todo/' + updatingTodo.id, updatingTodo);
  };


  _.remove = function(id) {
    return http('DELETE', 'api/todo/' + id);
  };


  function http(method, url, data) {
    return new Promise(function(resolve, reject) {
      var xhr = new XMLHttpRequest();
      xhr.addEventListener('load', function(event) {
        var result = xhr.responseText ? JSON.parse(xhr.responseText) : undefined;
        if (xhr.status === 200) {
          resolve(result);
        } else {
          reject(result || xhr.statusText);
        }
      });
      xhr.addEventListener('error', function(event) {
        reject(xhr.statusText);
      });
      xhr.open(method, url);
      xhr.setRequestHeader('Content-Type', 'application/json;charset=UTF-8');
      xhr.send(JSON.stringify(data));
    });
  }
})(todo.data.todo);
```

10時間目 クライアントサイドJavaScript（後編）

ところで、現時点でこのプログラムは動作しません。このプログラムはサーバにHTTPリクエストを発行しますが、サーバが存在しないためです。

サーバと連携させての動作検証は最終的には必要になりますが、一旦は、クライアント（JavaScriptプログラム）側だけでプログラムを作りきりたいところです。

ここでは、しばらくの間、クライアント側単体で動作するダミーのプログラムを利用します。[10hr/js/data]ディレクトリには、todo.jsに加えて、ダミーのプログラムであるtodo-cs.jsが用意されています注13。

todolist.htmlに**リスト10.21**の<script>要素を追加します。

リスト10.21 todolist.html

```
<script type="text/javascript" src="js/dom/todos.js"></script>
<script type="text/javascript" src="js/dom/new-todo.js"></script>
<script type="text/javascript" src="js/data/todo-cs.js"></script>   ←追加
<script type="text/javascript" src="js/main.js"></script>
```

js/data/todo-cs.jsの部分は最終的には先ほど作成したjs/data/todo.jsに変わります。サーバとの通信を介さないでダミーのデータをやりとりするという点をのぞいて、それぞれのメソッドの仕様はjs/data/todo.jsと同じにしています。

しばらくは、このダミーのプログラムを使って開発を続けます。

10-3-2 ● 9時間目のプログラムを非同期通信処理に対応させる

基本的には、js/main.jsの各イベントハンドラで、必要に応じて非同期通信処理を行うように修正します。

この時、例えばTodoの新規追加処理ではidが新たに割り当てられるなど、クライアントサイドから送信したデータに対して、サーバ側から変更が施される可能性があるので、それを利用するようにします。

最初は、onNewTodoKeydown()イベントハンドラです（**リスト10.22**）。

注13）もし、**8～9時間目**のディレクトリで継続して作業している場合は、10hr/js/data/todo-cs.jsを8hr/js/data/todo-cs.jsもしくは9hr/js/data/todo-cs.jsにコピーしてください。

リスト10.22 新規Todo追加中にキーが押された時の処理

```
function onNewTodoKeydown(event) {
  if (event.keyCode !== 13) {
    return; // 無関係なので何も処理しないで終了
  }

  var creatingTodo = todo.dom.newTodo.getTodo();
  todo.data.todo.create(creatingTodo)
    .then(function(createdTodo) {
      todo.dom.todos.add(createdTodo);
      todo.dom.newTodo.clear();
    })
    .catch(function(error) {
      alert(error);
    });
}
```

　ここでは、サーバに処理のリクエストを送り、正常終了した場合に、画面操作などを行っています。一方、異常終了した場合には画面にエラーメッセージを表示し、それ以上の画面操作を行わないという設計にします。

　修正方針としては、「todo.dom.が出てきた処理はPromiseのthen()に移動」するようにします。このとき、todo.data.のメソッドの引数に「xxxingTodo」としてTodoデータを送信している場合は、then()で行う処理の引数に「xxxedTodo」を受け取り、todo.dom.では「xxxedTodo」を利用することになります。また、catch()の中はalert()を呼ぶようにします（**リスト10.23**）。

10時間目 クライアントサイドJavaScript（後編）

リスト10.23 Todoがクリックされた時の処理

```javascript
function onTodosClick(event) {
  if (todo.dom.todos.isEditing(event.target)) {
    event.preventDefault();
    return;
  }


  if (todo.dom.todos.isDeleteButton(event.target)) {
    onDeleteButtonClick(event);
  } else if (todo.dom.todos.isEditButton(event.target)) {
    onEditButtonClick(event);
  }
}
```

　onTodosClick()では画面操作（変更）を伴わないので、何も行いません（**リスト10.24**）。

リスト10.24 削除ボタンが押された時の処理

```javascript
function onDeleteButtonClick(event) {
  if (!confirm('Do you really want to remove the todo?')) {
    return true;
  }
  var removingTodo = todo.dom.todos.getTodo(event.target);
  todo.data.todo.remove(removingTodo.id)
    .then(function() {
      todo.dom.todos.remove(event.target);
    })
    .catch(function(error) {
      alert(error);
    });
}
```

onDeleteButtonClick()では、削除するTodoのidが必要になります。そのため、todo.dom.todos.getTodo()でremovingTodoを新たに生成しています。ただし、削除後の処理のためのremovedTodoは必要ありません（**リスト10.25**）。

リスト10.25 編集ボタンが押された時の処理

```
function onEditButtonClick(event) {
  todo.dom.todos.setEditing(event.target, true); // 編集可能モードにする
  todo.dom.todos.focusToEditor(event.target); // エディタ部にカーソルを移動する
}
```

Todoの編集を開始する部分については、画面変更処理は行っていますが、サーバ側にデータを送る必要がないので、何もしません（**リスト10.26**）。

リスト10.26 Todoの編集中にキーが押された時の処理

```
function onTodosKeydown(event) {
  if (!todo.dom.todos.isEditing(event.target)) {
    return;
  }
  
  switch (event.keyCode) {
  case 13:
    var updatingTodo = todo.dom.todos.getTodo(event.target);
    todo.data.todo.update(updatingTodo)
      .then(function(updatedTodo) {
        todo.dom.todos.refresh(event.target, updatedTodo);
        todo.dom.todos.setEditing(event.target, false);
      })
      .catch(function(error) {
        alert(error);
      });
```

（次ページに続く）

（前ページの続き）

```
    break;
  case 27:
    var backupTodo = todo.dom.todos.getBackup(event.target);
    todo.dom.todos.refresh(event.target, backupTodo);
    todo.dom.todos.setEditing(event.target, false);
    break;
  }
}
```

onTodosKeydown()については、Enterキーを押した場合の処理を変更します。Escキーの処理については変更の必要がありません（**リスト**10.27）。

リスト10.27 Enterキーが押された時の編集内容確定処理

```
function onTodosChange(event) {
  var updatingTodo = todo.dom.todos.getTodo(event.target);
  todo.data.todo.update(updatingTodo)
    .then(function(updatedTodo) {
      todo.dom.todos.refresh(event.target, updatedTodo);
    })
    .catch(function(error) {
      alert(error);
    });
}
```

onTodosChange()も同じように変更できます。

最後に、初期データの読み込みロジックを追加します。今は、todolist.htmlを表示すると「予定1」、「予定2」の2つの予定が表示されていますが、これは、todolist.htmlに最初から記述されているためです。

初期データをサーバから読み込むようにします。まず、todolist.htmlの<ul>要素の中を空にします。

```
<ul class="todos">
</ul>
```

続いて、初期データをサーバから読み込んで表示するプログラムを作ります（**リスト 10.28**）。

リスト10.28 初期データの読み込み処理をイベントハンドラとして登録 (js/main.js)

```
document.addEventListener('DOMContentLoaded', loadInitialTodos);
```

プログラムの初期化処理でDOM操作を伴うプログラムは、documentのDOMContentLoadedイベントを使って書きます（**リスト 10.29**、**リスト 10.30**）。

リスト10.29 初期データの読み込み処理本体 (js/main.js)

```
function loadInitialTodos(event) {
  todo.data.todo.fetchAll()
    .then(function(todos) {
      todo.dom.todos.addAll(todos);
    })
    .catch(function(error) {
      alertErrorMessage(error);
    });
}
```

リスト10.30 読み込んだTodoの画面への追加処理 (js/dom/todos.js)

```
_.addAll = function(todos) {
  todos.forEach(_.add);
};
```

10時間目 クライアントサイドJavaScript（後編）

> **Column　複数件操作を行うDOM操作**
>
> 　今回は、動作速度のチューンナップが目的ではないので、内部的にはtodo.dom.todos.add()メソッドをループで呼ぶロジックでごまかしています。しかし、DOM変更操作を行うメソッドをループの中から呼ぶのは注意が必要です。画面の再描画は一般的には非常に時間のかかる処理であり、再描画が繰り返し行われると、体感できるレベルでブラウザの挙動が遅くなることがあります。
> 　todo.dom.todos.add()に対応するtodo.dom.todos.addAll()のように、複数件操作を行う処理を提供しておくと、将来的に速度問題が発生した際に、修正すべき場所が1ヶ所にまとまっているので、修正が容易になります。

10-3-3 ◉ サーバに接続する

　クライアント側のプログラムはほぼ完成したので、いよいよ実際のサーバに接続してWebアプリケーションを稼働させてみます。

　サーバ側のプログラムは[15js/server]に用意されています（図10.1）注14。

図10.1 サーバプログラムの設置場所

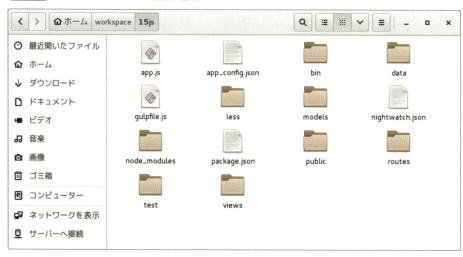

注14）もし**9時間目**、**8時間目**のディレクトリで作業している場合は、serverディレクトリをコピーしてください。また、以下の作業のうち、10hrの部分は適宜8hrないし9hrと読み替えてください。

この状態で、サーバサイドを［端末］プログラムより起動します。端末はデスクトップの［アプリケーション］－［お気に入り］－［端末］より起動できます（**図10.2**）。

図10.2 端末画面

端末より以下のコマンド（端末に「$」が表示されるので、続く文字列を入力して Enter キーを入力）を実行します（**図10.3**）。

```
$ cd ~/workspace/15js/server
$ ./bin/www
```

図10.3 端末でコマンドを実行したところ

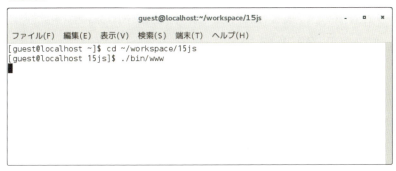

ブラウザを起動し、http://localhost:3000/ をアドレス欄に入力してアクセスしてみましょう。「Tiny Todo List」が表示されましたね（**図10.4**）。また、端末に追加で文字が出力されるようになりました（**図10.5**）。

10時間目 クライアントサイドJavaScript（後編）

図10.4 ブラウザからTiny Todo Listをサーバ経由で実行する

図10.5 Tiny Todo Listの操作にともなって端末にログが出力される

この状態で、アプリケーションを操作してみましょう。

```
$ ./bin/www
GET / 200 30.508 ms - 724
GET /css/todolist.css 200 6.570 ms - 3203
GET /js/data/todo.js 200 3.694 ms - 1285
GET /js/dom/new-todo.js 200 3.623 ms - 369
GET /js/main.js 200 3.068 ms - 3636
GET /js/dom/todos.js 200 2.828 ms - 3673
18 Aug 19:59:57 - [JsonDB] DataBase ./data/todo.json loaded.
GET /api/todo/all 200 3.686 ms - 81
GET /favicon.ico 404 1.611 ms - 46
GET /favicon.ico 404 0.863 ms - 46
POST /api/todo/new 200 58.111 ms - 47
PUT /api/todo/2 200 1.969 ms - 38
PUT /api/todo/3 200 0.839 ms - 46
```

操作を行うたびに、端末上にはこのようなログが出力されてゆきます。また、いったんブラウザを終了してから、もう一度 http://localhost:3000/ にアクセスすると、先ほどまでの状態が正しく保存されていることがわかります。

これでWebアプリケーションの基本部分は完成です。

確認テスト

Q1 ブラウザ上で操作を行うと図10.5のような情報が出力されます。以下の情報は、それぞれどのような操作を行ったときに表示されますか。

- GET /api/todo/all 200 6.389 ms - 128
- PUT /api/todo/1 200 3.342 ms - 38
- POST /api/todo/new 200 132.915 ms - 47
- DELETE /api/todo/2 200 4.136 ms - -

11時間目 JavaScriptにおける例外処理

プログラムは、例えば通信に失敗したなどの事前に予期できない異常が発生することがあります。この時間では、同期処理および非同期処理のそれぞれについて、異常状態を取り扱うための方法を学習します。特に、非同期処理における異常状態の取り扱いは、Webアプリケーションを作る上では無くてはならないものです。

今回のゴール

- プログラムの実行の失敗についての概念を学ぶ
- 同期的／非同期的な場合のそれぞれについてプログラムの失敗から復帰する手法を学ぶ

≫ 11-1 例外処理文

　JavaScriptには、プログラムの異常を取り扱うための「例外」という仕組みが用意されています。

　プログラムで何らかの問題が発生すると、プログラムは正常な状態から異常な状態へ移行します。現在の処理（正常系）はそこで中断され、異常状態を処理するためのプログラム（異常系）を探します。

　異常系が見つかったらそれが実行（例外を捕捉すると言います）された後、正常系に処理が戻ります（**図11.1**）。異常系が見つからない場合は、プログラムはそのまま異常終了します（**図11.2**）。

図11.1 例外処理の流れ

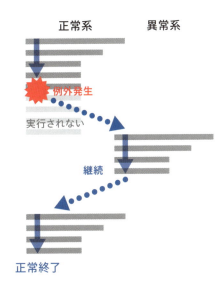

図11.2 例外処理が行われない場合の処理の流れ

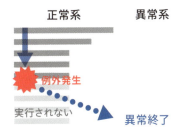

11-1-1 ● 例外を発生させる

　JavaScriptで「例外」を発生させてみましょう。まずは、**リスト11.1**をChromeのConsoleで実行してみます。

11時間目 JavaScriptにおける例外処理

リスト11.1 例外を発生させるプログラム

```javascript
var someFunction = function() {
  return 10;
};

var anotherFunction = undefined;

function main() {
  var someValue = someFunction();
  console.log('someValue = ' + someValue);

  var anotherValue = anotherFunction();   ← ① undefinedは関数では
                                              ないので例外発生
  console.log('anotherValue = ' + anotherFunction);   ← この行は実行されない
}
```

このプログラムは、someFunctionとanotherFunctionの2つの関数（片方はundefinedなので関数ではありませんが）と、それら2つを呼び出すmain()関数で構成されます。main()関数を実行すると、「例外」が発生します。

続けてConsoleから次のコマンドを実行すると、例外が発生する様子がみられます。

```
> main()
< someValue = 10
  Uncaught TypeError: anotherFunction is not a function(…)
```

リスト11.1①の行で、undefinedを代入したanotherFunctionを関数として呼び出ししています。undefinedは関数ではないので、実行に失敗して、「例外」が発生します。

「例外」が発生すると、その後の処理は中断されます。そのため、ConsoleにはanotherValueの値は表示されません。

プログラムはそこで異常終了するので、Consoleには異常終了の原因となった例外の情報が表示されます。「Uncaught TypeError: anotherFunction is not a function(…)」のエラーメッセージがそれです。

「TypeError（型エラー）という種類の例外[注1]が、anotherFunction が関数ではないのに関数として呼び出そうとしたために発生したが、それが補足されなかった」ということが読み取れます。

11-1-2 ● throw文

プログラムの処理の続行ができない場合というのは、JavaScriptの言語仕様に組み込まれた場合に限りません。例えばプログラム（関数）に不正な引数が渡されて実行した場合などが挙げられます。

このような場合に、例外を手動で発生させたい場合には、throw文を使います。

```
> throw new Error('0 以上の値を指定してください: -1');
Uncaught Error: 0 以上の値を指定してください: -1(…)
```

throwの後には、「**例外オブジェクト**」を渡します。new Error(...)の部分です[注2]。

JavaScriptに組み込まれた例外オブジェクトも利用できます。一般的なError型よりも状況を適切に表せることもあります。

```
> throw new TypeError('string 型の値を指定してください');
Uncaught TypeError: string 型の値を指定してください(…)
```

注1) **2時間目**で未定義の変数を使おうとした時にエラーが出たのを覚えていますか？ この時にはReferenceError（参照エラー）という例外が発生ました。

注2) 例外オブジェクトの生成に関しては、new演算子は省略可能です。

11-1-3 ● スタックトレース

スタックトレースとは、プログラムがどのような過程を経て実行されたのか、メソッド呼び出しなどの命令の順番の記録です。

まずは、スタックトレースというものを実際に見てみましょう。ブラウザの[Console]より、次のプログラムを入力します。

```
> function a() { b(); }
< undefined
> function b() { c(); }
< undefined
> function c() { throw new Error('エラー'); }
< undefined
```

ここでは、3つの関数a()〜c()を定義しています。この状態で、関数a()を実行するとどうなるでしょうか。

a()→b()→c()の呼び出しを経て例外が発生するはずです。

Column　Error以外の値をthrowする

JavaScriptのthrow文には、Error型（およびTypeErrorのようなError型の派生型）に限らず、任意の値を返す式を設定できます。

```
throw 10;
throw 'Error';
throw undefined;
```

これらはどれも有効ですが、例外処理の都合を考えると、必ずError型をthrowするのが望ましいです。

```
> a();
✕ Uncaught Error: エラー(…)
    c @ VM16081:4
    b @ VM16081:3
    a @ VM16081:2
    (anonymous function) @ VM16116:2
    InjectedScript._evaluateOn @ VM16072:878
    InjectedScript._evaluateAndWrap @ VM16072:811
    InjectedScript.evaluate @ VM16072:667
```

画面に赤い文字で「Uncaught Error: ...」と出力されているのがスタックトレースです。「エラー」はthrow new Error('エラー')でError関数に渡されたエラーメッセージ、その後の行はメソッドの呼び出しが最後に呼ばれたほうから順番に並べられています。

このスタックトレースの前半が、ブラウザで入力したプログラムの呼び出し順番になっています。

ブラウザごとで細かいフォーマットに違いはありますが、プログラム上で何らかの例外が発生した場合にはおおよそこのような感じのスタックトレースが画面（コンソール）に出力されます。

11-1-4 ● try-catchで例外から立ち直る

例外が発生した時に、プログラムを完全に中断してしまうのではなく、何らかの復帰処理を行い、処理を継続したいことがあります。例外の復帰処理を行うには、**try-catch**文を使います。

書式

```
try {
    例外が発生する可能性のある処理（正常系）
} catch（例外オブジェクトを保持する変数名）{
    例外復帰処理（異常系）
}
```

11時間目 JavaScriptにおける例外処理

try節の中で例外が発生したときは、その時点でtry節の残りの処理は中断され、制御はcatch節に移ります。try節で例外が発生しない場合は、catch節は実行されません。

throw文に指定された例外オブジェクトは、catch節の先頭で設定した変数に保持されます。

一般的なErrorオブジェクトには、message、stackの2つのプロパティが用意されています。messageにはErrorコンストラクタの引数に渡された文字列が、stackにはスタックトレース文字列[注3]が、それぞれ保持されています。

サンプルプログラムを**リスト11.2**に示します。

リスト11.2 例外オブジェクトの取り扱い

```
function a() { b(); }
function b() { c(); }
function c() { throw new Error('エラー'); }

try {
  a();
} catch (e) {
  console.log(e.message);
  console.log(e.stack);
}
```

リスト11.2をConsoleで実行すると、次の結果が得られます。

```
エラー
Error: エラー
    at Error (native)
    at c (<anonymous>:4:22)
```

（次ページに続く）

注3) Consoleの「▼」アイコンをクリックして表示されるメッセージと形式は異なりますが、読み方は同じです。

（前ページの続き）

```
    at b (<anonymous>:3:16)
    at a (<anonymous>:2:16)
    at <anonymous>:7:3
    at Object.InjectedScript._evaluateOn (<anonymous>:878:140)
    at Object.InjectedScript._evaluateAndWrap (<anonymous>:811:34)
    at Object.InjectedScript.evaluate (<anonymous>:667:21)
```

catchで例外処理が完了した場合は、try-catchの次の行から処理が継続されます。**図11.1**で図示したように、try節中の例外発生箇所からcatch節までの処理は実行されません。

11-1-5 ● try-finallyでコードの実行を保証する

異常系における例外復帰処理は、必ずしも正常に終了するとは限りません。try-catch文のcatch節で例外が発生した場合は、その処理が中断され、その例外に対する異常系が探されます。

見つからなかった場合は、最終的に異常状態でプログラムは中断してしまいます（**図11.3**）。

図11.3 例外処理中に例外が発生する場合

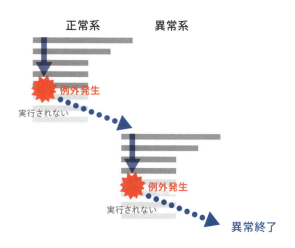

つまり、try-catch文だけでは、必ずしもプログラムが正常状態に復帰することは保証されません。このことは、例外発生の有無にかかわらず共通して行いたい後処理がある場合に問題になります。

例外発生によらず特定の処理を確実に行いたい場合は、**try-finally**文を使います。

書式

```
try {
    例外が発生する可能性のある処理（正常系）
} finally {
    例外発生の有無にかかわらず実行したい共通処理（後処理）
}
```

finally節はtry節での例外発生の有無にかかわらず実行されますが、例外復帰処理を行わない場合は、finally節の後の処理は実行されません。

例外復帰処理を行った場合、finally節後は正常系の処理の流れに、行わない場合は異常系の処理の流れにつながっていきます（**図11.4**）。

図11.4 try-finallyによる後処理の流れ

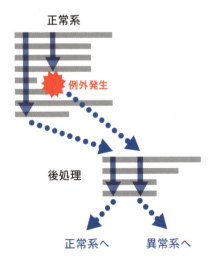

例外復帰処理を行いつつ共通の後処理も行う場合、try-catch-finally文を使います。

> **書式**

```
try {
    例外が発生する可能性のある処理（正常系）
} catch (e) {
    例外復帰処理（異常系）
} finally {
    例外発生の有無にかかわらず実行したい共通処理（後処理）
}
```

これは、try-finally 文の try 節中に try-catch を入れ子にしたものと同等です（図11.5）。

図11.5 try-finallyによる後処理の流れ

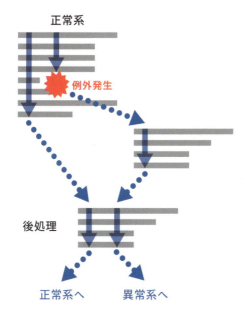

なお、finally 節に return 文や throw 文を書いてはいけません。JavaScript の言語仕様上、finally 節の return 文や throw 文は、try 節や catch 節のものよりも優先されます。そのため、本来呼び出し元に伝えられるべき値や例外が、finally 節によって思わぬ形で変化してしまうことにつながるからです。

11-1-6● try文を使って例外処理

では、実際にtry文を使って例外処理を行うプログラムを作ってみましょう。

ここでは、fetchFruits()という、果物リストを取得するプログラムを題材に解説します。fetchFruits()は、正常に果物リストが取得できるバージョン（**リスト11.3**）と、取得に失敗して例外が発生するバージョン（**リスト11.4**）が用意されています。

リスト11.3 正常に果物リストが取得できるプログラム

```javascript
function fetchFruits() {
  return ['りんご', 'バナナ'];
}
```

リスト11.4 果物リストの取得に失敗するプログラム

```javascript
function fetchFruits() {
  throw new Error('エラー');
}
```

このプログラムを使って例外処理を行うプログラムを**リスト11.5**に示します。

リスト11.5 メイン処理

```javascript
try {
  var fruits = fetchFruits();
  console.log('処理は成功しました');
  console.log(fruits);
} catch (e) {
  console.log('処理は失敗しました');
  console.log(e);
} finally {
  console.log('処理は終了しました');
}
```

リスト11.5を正常に取得できるfetchFruits()関数（**リスト**11.3）と組み合わせた場合、次の結果が得られます。

Consoleには、先に**リスト**11.3を入力してから、**リスト**11.5を入力します。このとき、**リスト**11.3の入力が終わったタイミングで Enter キーでプログラムを実行させても、Shift + Enter キーでプログラムの入力を続けるようにしても構いません。

```
処理は成功しました
["りんご", "バナナ"]
処理は終了しました
```

同じように、取得に失敗するfetchFruits()関数（**リスト**11.4）と組み合わせた場合は、次の結果が得られます。こちらも**リスト**11.4を入力してから、**リスト**11.5を入力します。

```
処理は失敗しました
Error: エラー()
処理は終了しました
```

》 11-2 非同期処理と例外処理

　try-catch-finallyは、同期的な例外を取り扱う場合に利用できます。では、**10時間目**で取り扱ったような非同期処理における例外処理について改めて考えてみましょう。

　結論から言えば、先ほど学習したような、例外をtry-catchで捕捉する方法は使えません。**リスト**11.6は、setTimeout()を使って、1秒後に非同期的な例外が発生するプログラムです。

リスト11.6 setTimeout()の中で例外を発生させる

```
try {
  setTimeout(function() {
    throw new Error('エラー');
  }, 1000);
  console.log('例外は補足されていません');
} catch (e) {
  console.log('例外が補足されました');
}
```

このプログラムを実行すると、次のように、「例外は補足されていません」と表示された上で、1秒後に「エラー」が表示されます。

```
例外は補足されていません     ← すぐに表示される
Uncaught Error: エラー      ← 1秒後に表示される
```

これは、メインの処理における非同期処理の開始（setTimeout()）が、非同期処理が終了した時の処理を「予約」する処理だからです。図11.6に模式的に示すように、非同期処理が最終的に正常終了するか、異常終了するかにかかわらず、メイン処理は処理の「予約」だけ行って正常に完了します（だから「非同期」です）。

図11.6 非同期処理においてはメイン処理で例外処理ができない

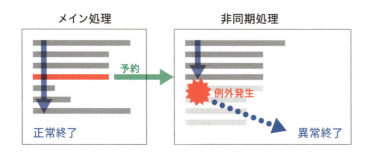

そのためJavaScriptでは、非同期的な例外処理にはtry-catchを利用できません[注4]。かわりに、非同期処理で例外処理を行うためのいくつかの方法があります。

11-2-1 ● コールバック関数ベース

10時間目の最初で取り扱った、コールバック関数ベースの非同期処理においては、エラー発生の有無をコールバック関数に渡す引数で通知する方法が使われます。

リスト11.7〜**リスト11.9**は非同期処理を行うサンプルプログラムです。非同期処理を行う関数 fetchFruits()の成否をコールバック関数で判定しています。

慣習的には、コールバック関数の第1引数に、例外オブジェクトが渡されます。例外が発生しなかった場合は、第1引数(e)の値はundefinedになります。そのため、if(e)のように条件判定を行って、例外処理を分岐できます。

処理の結果は（成功した場合は）第2引数に格納されます。

リスト11.7 正常に果物リストが取得できるプログラム（コールバック関数ベースの非同期処理版）

```
function fetchFruits(done) {
  setTimeout(function() {      ← 非同期処理を模すのに使われる
    done(undefined, ['りんご', 'バナナ']);
  }, 1000);                    ← 1秒（＝1000ミリ秒）後にdone()が呼び出される
}
```

リスト11.8 果物リストの取得に失敗するプログラム（コールバック関数ベースの非同期処理版）

```
function fetchFruits(done) {
  setTimeout(function() {
    done(new Error('エラー'));   ← リスト11.7からこの1行を書き換える
  }, 1000);
}
```

注4) ECMAScript 2015で導入されたジェネレータを使うと、非同期的な例外をtry-catchで捕捉できますが、本書では割愛します。

11時間目 JavaScriptにおける例外処理

リスト11.9 メイン処理（コールバック関数ベースの非同期処理版）

```javascript
fetchFruits(function(e, list) {
  if (e) {
    console.log('処理は失敗しました。');
    console.log(e);
  } else {
    console.log('処理は成功しました');
    console.log(list);
  }
  console.log('処理は終了しました');
});
```

リスト11.7と**リスト**11.9とを組み合わせた実行結果（成功時）は次のとおりです。

```
処理は成功しました
["りんご", "バナナ"]
処理は終了しました
```

リスト11.8と**リスト**11.9とを組み合わせた実行結果（失敗時）は次のとおりです。

```
処理に失敗しました。
Error: エラー
処理は終了しました
```

なお、共通処理を必要としない場合は、if-elseのelse節を省いて**リスト11.10**のように書くほうが望ましいです。

リスト11.10 ガード節を使ってプログラムの最初に異常系を処理する

```
fetchFruits(function(e, list) {
  if (e) {
    console.log('処理は失敗しました。');
    console.log(e);
    return;
  }
  console.log('処理は成功しました');
  console.log(list);
});
```

これは、「ガード」と呼ばれるプログラムの書き方です。ガードを使わないと、if節が実行される場合（処理に失敗する場合）と、else節が実行される場合（処理に成功する場合）とが等価に見えます。

実際には、処理が失敗する場合はそれほど多くは発生しません（だから異「常」系です）。例えばクライアントサイドJavaScriptの場合、処理が成功する場合は画面の更新処理などの様々な処理を行うのに対して、失敗時には単にエラーメッセージを表示する処理しか行わない場合が多いです。

ガード節の書き方を使うと、「頻度は高くない」「（正常系と比べて）処理はほとんど行わない」ことをプログラムの読み手に伝えられます。

11-2-2●Promiseベース

10時間目で取り扱ったように、Promiseを使った非同期処理は、then()とcatch()で成功時と失敗時の処理を切り替えられます。

11-2-3●イベントベース

新しくプログラムを作るときに使われることは少ないですが、しばしば利用される方法の1つとして、イベントベースでの処理を紹介します。

11時間目 JavaScriptにおける例外処理

　イベントベースでの処理を行う非同期関数は、その返り値には、イベントを受け取るためのオブジェクトが渡されます。**リスト11.11**〜**リスト11.13**は、イベントベースの非同期処理を取り扱うプログラムです[5]。

リスト11.11 正常に果物リストが取得できるプログラム（イベントベースの非同期処理版）

```javascript
function fetchFruits() {
  var eventTarget = createEventTarget();


  setTimeout(function() { // 成功
    var successEvent = new Event('success');
    successEvent.data = ['りんご', 'バナナ'];
    eventTarget.dispatchEvent(successEvent);
  });

  setTimeout(function() { // 終了
    var endEvent = new Event('end');
    eventTarget.dispatchEvent(endEvent);
  }, 1000);

  return eventTarget;
}

function createEventTarget() { // イベントを受け取るオブジェクトを生成するための補助関数
  var listeners = {};
  var eventTarget = Object.create(EventTarget.prototype);
```

（次ページに続く）

注5）　このプログラムは複雑なので、実際に実行しなくても構いません。また、これまでに学習していない機能が登場しますが、本書での解説は割愛します。

（前ページの続き）

```
  eventTarget.addEventListener = function(type, callback) {
    listeners[type] = listeners[type] || [];
    listeners[type].push(callback);
  }

  eventTarget.dispatchEvent = function(event) {
    var callbacks = listeners[event.type];
    if (!callbacks) {
      return;
    }
    event.target = this;
    for (var i = 0, l = callbacks.length; i < l; i++) {
      callbacks[i].call(this, event);
    }
  }

  return eventTarget;
}
```

リスト11.12 果物リストの取得に失敗するプログラム（イベントベースの非同期処理版）

```
function fetchFruits() {
  var eventTarget = createEventTarget();

  setTimeout(function() { // 失敗
    var errorEvent = new Event('error');
    errorEvent.error = new Error('エラー');
    eventTarget.dispatchEvent(errorEvent);
  });
```

（次ページに続く）

（前ページの続き）

```javascript
  setTimeout(function() { // 終了
    var endEvent = new Event('end');
    eventTarget.dispatchEvent(endEvent);
  }, 1000);

  return eventTarget;
}

function createEventTarget() { // リスト11.11と同じ
  var listeners = {};
  var eventTarget = Object.create(EventTarget.prototype);

  eventTarget.addEventListener = function(type, callback) {
    listeners[type] = listeners[type] || [];
    listeners[type].push(callback);
  }

  eventTarget.dispatchEvent = function(event) {
    var callbacks = listeners[event.type];
    if (!callbacks) {
      return;
    }
    event.target = this;
    for (var i = 0, l = callbacks.length; i < l; i++) {
      callbacks[i].call(this, event);
    }
  }

  return eventTarget;
}
```

リスト11.13 メイン処理

```javascript
var eventTarget = fetchFruits();

eventTarget.addEventListener('success', function(event) {
  var fruits = event.data;
  console.log('処理は成功しました');
  console.log(fruits);
});

eventTarget.addEventListener('error', function(event) {
  var error = event.error;
  console.log('処理は失敗しました');
  console.log(error);
});

eventTarget.addEventListener('end', function(event) {
  console.log('処理は終了しました');
});
```

　他の方法に比べてコード量が多くなることから想像がつくかもしれませんが、新しく非同期処理のプログラムを作るときに、このモデルを採用することはあまりないと思います。ですが、他の人が作ったプログラムを利用するときにこのモデルが使われていることはあるかもしれません。そこで、非同期処理関数を利用する側のプログラム（**リスト11.13**）に絞って解説します。

　非同期処理関数 fetchFruits()はイベントを受け取るためのEventTargetオブジェクトを返却します。このオブジェクトには、イベントハンドラを登録するためのaddEventListener()メソッドが用意されているので、**9時間目**と同じように使います。処理の成功時にはsuccessイベントが、処理の失敗時にはerrorイベントが、処理が終了したときには（成否に関係なく）endイベントがそれぞれ発生します[注6]。

注6)　イベント名は非同期処理関数によって変わる可能性があります。

リスト11.11とリスト11.13とを組み合わせた場合（成功時）は次の結果が得られます。

```
処理は成功しました
["りんご", "バナナ"]
処理は終了しました
```

リスト11.12とリスト11.13とを組み合わせた場合（失敗時）は次の結果が得られます。

```
処理は失敗しました
Error: エラー
処理は終了しました
```

コールバック関数ベースの方法と同じ結果が得られています。

これらの手法は、非同期処理の用途に応じて選択されます。一般的には、1回の非同期処理の開始に対して、コールバック関数が1回だけ呼び出される場合には単純なコールバック関数ベースの手法が、処理結果が細切れに分割されて通知される場合にはイベントベースの手法が取られることが多いです。Promiseを使った手法は、Promiseが標準規格に取り込まれたのがECMAScript 2015と最近であり、現時点では他の手法に比べて利用頻度は少ないです。しかし、将来のECMAScriptで導入されるはずのasync/await構文などの言語サポートが充実するのに合わせて、単純なコールバックベースの手法はやがてPromiseに置き換えられてゆくのではないでしょうか。

Column | **Node.jsでの非同期処理と例外処理**

　JavaScriptは広くクライアントサイドのプログラミング言語として利用されてきました。近年はサーバサイドのプログラミング言語としても注目されています。サーバサイド向けJavaScriptの実装として最有力であるNode.jsでは、HDDの読み書きやネットワークアクセスなど、外部との入出力のAPIは基本的には非同期APIとして提供されています。

　Node.js標準の非同期APIにも、単純なコールバック関数ベースのもの（fs.readFileなど）と、イベントベースのもの（fs.createReadStreamなど）が用意されています。利用の際には、APIの仕様を確認してみましょう。

確認テスト

Q1 リスト11.6において、setTimeout()の第2引数を0に設定すると、エラーの発生を1秒後から即時に変更できます。そのとき、リスト11.7の結果はどうなりますか。

Q2 リスト11.7において、done()の第1引数をtrueに設定するとリスト11.9の結果はどうなりますか。

Q3 Promiseベースの非同期処理において、fetchFruits()関数（成功する場合と失敗する場合）およびそれを使って例外処理を行うメイン処理を実際に書いてみましょう。

12時間目 クライアントサイドのデバッグとテスト（前編）

この時間の前半ではクライアント JavaScript の動的デバッグの方法について学習します。ブレークポイントでプログラムを中断する方法は、プログラムの問題を解消するのに役立ちます。後半では、ソフトウェアテストの基本的な概念について学習します。

今回のゴール

- プログラムを動的にデバッグする手法を学ぶ
- ソフトウェアをテストする意義と概念を学ぶ
- テストの条件（テストケース）の基本的な設計指針を学ぶ

12-1 開発者ツールを使ってみよう

Chrome のデベロッパーツールは、**Part 1** でも利用してきました。**12**時間目の最初は、デベロッパーツールの様々な使い方を覚えていきます。

12-1-1 ● 動的なデバッグ

10時間目で開発したJavaScriptはブラウザ上で動作します。この JavaScript が実行している間に、ある時点での変数の値はいくつかを確認したり、変数の値を書き換えて動作を検証したりできます。

プログラムが「チェックポイント」を通過するタイミングで、そのプログラムを一時停止させてみます。「**ブレークポイント**」という機能を使います。

まずは、Tiny Todo List のサーバを立ちあげ、**10**時間目と同様に端末から以下の内容を実行します。

```
$ cd ~/15js/12hr/server
$ ./bin/www
```

ブラウザで「http://localhost:3000/」を開いてから、F12キーを押してデベロッパーツールを起動します。

[Sources]のタブを開くと、図12.1のような画面が開きます。

図12.1 デベロッパーツールを開く

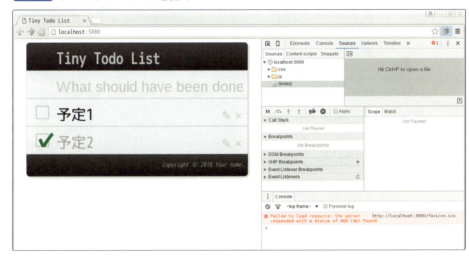

新しい予定の追加プログラムの挙動を確認してみます。

[js]－[main.js]をダブルクリックすると、**10時間目**で開発したソースコードを確認できます。アプリケーションの操作によってプログラムが実行されます。例えば、新しい予定を追加する時は、onNewTodoKeydown()関数が呼ばれるはずですね[1]。

実際に予定追加の操作をする前に、ソースコードの左側、[20]と書いてある部分をクリックしてください[2]。青いマークが付きましたね（図12.2）。これが「**ブレークポイント**」です。

注1） 実際には、予定の入力欄で任意のキーを押した場合に呼び出されます。
注2） 作業がしやすいように図12.2のようにデベロッパーツールの作業領域を広げておくとよいでしょう。

図12.2 ブレークポイントの設定

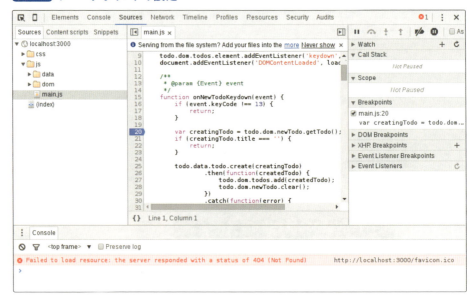

　ブラウザは、JavaScriptの実行がブレークポイントに差し掛かった瞬間、自動的にプログラムを一時停止します。試しに、入力欄に「今日の予定」を入力してから Enter キーを押してみましょう。HTMLの画面がグレーアウトして、ブレークポイントの行がハイライトされます（図12.3）。

図12.3 ブレークポイントでプログラムが一時停止する

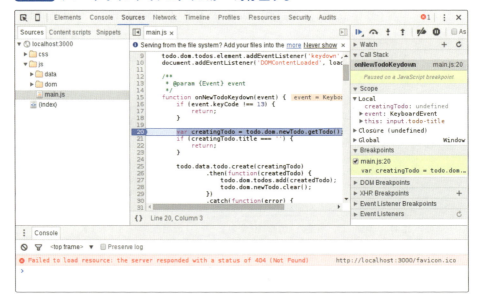

[Console]で以下を実行します。

```
> event.witch
< 13
```

このように、ブレークポイントに差し掛かった瞬間の変数の値を取得できます。プログラムを再開するには、HTML側の上部に表示された、▶のアイコンをクリックします。

12-1-2 ◉ソフトウェアテストとは

　プログラムは人間が作っているため、何らかの要因でプログラム上の欠陥（バグ）や、仕様上の問題が入り込むことは避けられません。プログラムの不備を見つけ出し、ソフトウェアの品質を担保する方法の一つに、ソフトウェアテストが挙げられます。ソフトウェアテストとは、プログラムを実行して、そのプログラムが正しく動作するかどうかを確認することです。

　世の中のあらゆるITシステムやサービスは、プログラムの開発が終わったあと、入念にテストを行います。もしテストの過程でバグが発見された場合は、その修正を行い、修正後のプログラムに対して再びテストを行います。このプロセスを経て、すべてのテスト項目に合格するなど、ある一定の品質に達したと判断された状態で初めて出荷されます。

　ソフトウェアテストは、ソフトウェアの規模（プログラムの大きさだったり、利用者数だったり）が大きくなるにつれ、その重要性を大きく増していきます。近年は多くの大企業が、勤怠管理や給与計算などの定形業務の処理のためにITシステムを利用しています。あるいは、私達が日々利用する通信販売のWebサイトなどもITシステムです。

　もしこうしたシステムに重大なバグがあり、システムが長時間にわたって停止したらどうでしょうか。給与データや通信販売の注文データが失われたりしたらどうなるでしょうか。

　システムを導入した企業に与える甚大な被害はたやすく想像できます。

　ソフトウェアテストで担保しようとする「一定の品質」のレベルを上げるには、「入念なテスト」というコストがのしかかってきます。

　どれだけのテストを行えば、どの程度の品質が担保されるのか、それによって残留するバグのリスクはどの程度か、それは許容できるのか。この問題は、すべてのソフ

トウェア開発者(ベンダー)が頭を悩ます問題です。

システムの重大なバグは、適切にソフトウェアテストを行うことでそのほとんどを防止できます。

しかし、ソフトウェアテストというのは、「一定の品質に達している」か、「バグが存在する」ことを示すことができますが、本質的にそのシステムに「バグが存在しない」ことは証明できません。

そのため、限られた工数のもとで開発を行うソフトウェアテストにおいては、工数不足を理由に十分なテストが行われないことがしばしばあります。

最終的な程度問題については、本書では立ち入って考えることはしません。かわりに、ソフトウェアテストの基本的な考え方、そして開発者が行うべきテストのベストプラクティスの解説にとどめます。

12-1-3 ◉ソフトウェアテストとバグの発見

◆ ソフトウェアにはテストが必要である

みなさんは、まず「何らかの形でのテストが必要である」ことを覚えてください(一切のテストを行わないことは、まず許容できないレベルのリスクを抱えます)。

そして、「バグができるだけ少ない」ソフトウェアを開発するために、一般的なベストプラクティスをまずは正しいものとして受け入れ、習得してください。

| Column | バグの発見の難しさ
〜27年越しで発見されたShellshock脆弱性 |

bashという、LinuxやMac OS Xに標準搭載されているシェルは、1987年に開発されてから、オープンソースとしてソースコードが世界中に公開されていました。そのため、世界中の誰もがbashを利用したり、テストしたりできました。

それにも関わらず、つい最近まで、このプログラムには「Shellshock」という非常に重大なバグ(脆弱性)が見つからずに残っていました。この脆弱性は、悪用すると外部からコマンドを実行し、コンピュータを乗っ取るのに利用される危険性がありました。

この教訓は、バグの発見というテーマがいかに難しいものなのかを物語っています。

◆ バグはできる限り早期発見しなければならない

　次に伝えておきたいことは、「バグは早期発見するほど修正のためのコストが抑えられる」という重要な事実です。

　ソフトウェア開発プロセスを、ここでは単純化して開発、評価、運用・保守というフェーズに分けて、それぞれのフェーズでバグが発見された場合の修正コストを考えてみましょう。

　なお、一般的には、開発フェーズに先立って要求分析、設計といったフェーズがあります。本書では、「プログラムの分岐条件を間違えてしまった」のようなプログラム開発に起因するバグを想定し、それ以前のフェーズで生み出される可能性のある問題については割愛します。

◆ 開発フェーズでバグを発見

　開発フェーズにおいて、ある開発者が、自分のプログラムの開発中にバグを発見した場合、そのバグは自分の書いたプログラムのどこかが原因である蓋然性が高いです。多くの場合、バグの挙動から、ソースコードのバグの箇所はすぐに見つかります。

◆ 評価フェーズでバグを発見

　では、開発が終わったあと、評価フェーズにおいてバグが見つかることを考えてみましょう。

　プログラムのテストは、多くの大規模開発においては、開発者と別の人（テスター）が行います。テスターは、複数の開発者が開発したプログラムを、ひとまとまりのモジュールとして、あるいはソフトウェア全体をまとめてテストします。

　もしこの時にバグが見つかった場合、どの開発者が書いたコードに問題があるのかを特定して、プログラムを修正しなければなりません。さらに、そのプログラムの修正が終わったら、基本的にはテスターは「もう一度」同じテストを再実行しなければなりません。

◆ 運用・保守フェーズでバグを発見

　さらに、評価フェーズでもバグが見つからず、そのソフトウェアが出荷されたあとの運用・保守フェーズでバグが見つかることを考えてみます。この時は、バグを見つけるのはプログラムのユーザです。

　プログラムのユーザがシステムの不具合に遭遇した場合、不都合な現象が起こったことのみを伝えてくると思われます。プログラマは限られた情報の中から、その原因が何なのかを突き止めなければなりません。その原因は、必ずしもプログラムのバグ

に起因するとも限りません。システムを動かしているサーバコンピュータに障害が発生しているのかもしれませんし、もしかしたらユーザの使い方が間違っているだけかもしれません。その不具合がプログラムに起因する問題であることが突き止められたら、プログラムの修正が行われます。その後、評価フェーズでテストを行い、修正されたプログラムが出荷されます。そのプログラムをシステムにインストールし、場合によっては、そのための受け入れテストを行います[注3]。ユーザ、テスター、プログラマのすべてにとって修正が完了したと言える状態になるのは、不具合の発見からはだいぶ先の話になってしまいます。

　バグは開発フェーズで見つかるか、評価フェーズで見つかるか、保守・運用フェーズで見つかるかによって、その修正コストは異なります。後のフェーズでバグが発見されるほど、修正のためのコストが著しく大きくなってしまいます。
　「バグが存在しない」ことはソフトウェアテストによって証明できませんが、もしあるバグが開発フェーズで容易に見つけられるのであれば、それは開発フェーズで見つけるべきです。開発フェーズで見つけるのが困難で評価フェーズでしか見つけづらいバグならば、開発フェーズで見つけられないのは仕方ないとしても、評価フェーズでは見つけるべきです。
　そのようにして、バグはできる限り早期に発見して、コストの低いうちに修正すべきなのです。本書は、JavaScript開発のための本なので、開発フェーズにおけるテストを中心に解説します。

12-1-4 ● 自動化されたソフトウェアテストの重要性

　8時間目から10時間目にかけて開発した「Tiny Todo List」では、プログラムの開発がある程度進んだたびに「動作検証」を行ってきました。
　これも、れっきとしたソフトウェアテストです。例えば本書のリストに書いてあるプログラムを写し間違えた場合、動作検証で何らかの問題が発見できます。プログラムの設計に問題があった場合は、バグとして予期せぬ動作が起こることでしょう。
　しかし、こうした「いきあたりばったり」な手作業ベースの方法には限界があり、開発フェーズで発見されるべきバグを洗い出す手法としては不十分です。では、実際にどのような問題があるのかを考えてみましょう。

注3）　ユーザ自身が、プログラムが期待どおりに修正されたか、新しいバグが発生していないかを確認するテストです。

◆ 記録を残さないことがある

第一に、手作業のチェックは、手作業の記録を残さずに、闇雲に行われることがあります。例えば、**8時間目**から**10時間目**にかけてどのようなテストを行ったか、すべて記録として残していますか？

例えば、**9時間目**に以下のような動作検証を行いました。

「今日の予定」を入力した状態で、次のコードを実行します。

```
console.log(todo.dom.newTodo.getTodo());
```

このように、明確に操作記録が残っているテストもありますが、**10時間目**の最後にあるように細なテスト手順が残っていない場合もあります。

ブラウザを起動し、http://localhost:3000/ にアクセスしてみましょう。「Tiny Todo List」が表示されましたね？この状態で、操作を行ってみましょう。

具体的にはどんな操作を行ったか記録に残っていますか？操作内容を覚えていますか？

◆ 手動でチェックできる項目数が限られる

第二の問題としては、手作業でチェックを行う場合、時間がかかるのでたくさんのテストを行うことはできません。そのため、可能性の一部しかチェックできないということです。

例えば、**9時間目**に

「今日の予定」を入力した状態で、次のコードを実行します。

```
console.log(todo.dom.newTodo.getTodo());
```

にあるような具体的なテストを用意するとした場合、人間の動作はあまりにも遅いです。

9時間目には、一番シンプルなテストとして、『「今日の予定」を入力した状態で』という条件で検証しました。もし『なにも入力しない状態で』実行した場合にどうなるでしょうか。ひょっとしたら、重大なエラーが起こるかもしれませんよね？

『なにも入力しない状態で』実行した場合には、期待どおりの結果が得られますが、直感に反する動作を引き起こす可能性があります。

比較的容易に見つけられるので、もう見つけてしまっているかもしれませんが、実際に、**10時間目**の時点で作ったものには、そのようなバグが残っています。

人間が入力しうるすべての入力値をすべてテストする必要はありませんが、後で解説する手法を用いたとしても、製品として出荷できるレベルのチェックを行うには、

『「今日の予定」を入力した状態で、「...」のコードと、「...」のコードと、... を実行してください。次に、「...」を入力した状態で、「...」のコードと、「...」のコードと、... を実行してください。また、画面に「...」が表示されていること、「...」が表示されていないことを確認してください』

のような複雑な検証作業が必要になります。

大量のテストを行うには時間をかけるか、テストを行う人を増やすしかありません。大変です。なにより15時間ではたくさんのテストを書き終えることもできないでしょう。

◆ 手動チェックでミスをする可能性がある

第三に、テスト実行手順が用意してあったとしても、それを人手で行う以上、何らかのミスが発生する可能性があります。例えば、全部で100種類のテストを行わないといけない場合に、うっかり1つか2つのテストを実行し忘れるかもしれません。間違った操作をしてしまい、本来テストしたかった内容が正しくテストされないかもしれません。

◆ 定型のチェックは自動的に行われるべきである

そのため、こうした複雑な検証作業は、コンピュータによって自動的に行われるべきです。ソフトウェアテストが自動化されることで、複雑な検証作業であっても、「何度でも」「速やかに」実行できるようになります。特に開発フェーズにおけるテストは自動化しやすい部分が多く、プログラム開発者はできる限り自動化されたテストを用意しなければなりません。

テストの自動化の方法については、後で学習します。

》 12-2 テストケースの設計

ソフトウェアテストにおける検証作業では、ある初期状態において、特定の入力を与えた場合に、特定の出力が得られることを確認します。この、初期状態・入力・(期待される)出力の組を「**テストケース**」と言います。

ソフトウェアの規模が大きくなるにつれ、テストケースとして「あり得る」値の範囲は爆発的に増えます。理論上は、そのすべての「あり得る」値をテストすれば「十分な」テストを行ったことになりますが、現実的にはとても不可能な話です。

ソフトウェアテストでは、限られた条件の中で、バグを効率よく見つけ出すための方法論が用意されています。

12-2-1 ● 網羅性（カバレッジ）

プログラムのうち、テストされている部分の割合を「**網羅性（カバレッジ）**」と言います。ここでは、開発者がプログラムのソースコードにおけるテストの網羅性について論じます。

ソースコードのテスト網羅性は、「テストされている」という判定基準によって、網羅性の種類がいくつかあります。例えば、**リスト12.1**のプログラムについて網羅性を考えてみます。

リスト12.1 網羅性測定対象のプログラム

```
function executeSample(args) {
    var result = 0;                                      ← 処理Ⓐ
    if (!args || args.length < 3) {                      ← 分岐①
        throw new Error('引数が不正です。');              ← 処理Ⓑ
    }

    if (args[0] === 'hoge') {                            ← 分岐②
        result = result + 1;                             ← 処理Ⓒ
    }

    if (args[1] === 'piyo' && args[2] === 'fuga') {      ← 分岐③
        result = result + 2;                             ← 処理Ⓓ
    }
    return result;                                       ← 処理Ⓔ
}
```

◆ 命令網羅

テスト対象に含まれる命令文が一度は実行されているかどうかで判定します。命令網羅では、処理Ⓐ～処理Ⓔが最低一度は実行されるテストケースを考えます。例えば、**表12.1**のテストケースは命令網羅が100%になります。

表12.1 命令網羅が100%のテストケース

Case	入力内容	期待される結果
Case 1	args = null	例外「引数が不正です。」が発生
Case 2	args = ['hoge', 'piyo', 'fuga']	3を返す

◆ 分岐網羅

テスト対象のプログラムにおいて、処理が分岐するそれぞれの場所で、すべての分岐先に処理が進むかどうかで判定します。

分岐網羅では、分岐①～分岐③について、真および偽の場合が最低一度は実行されるテストを考えます。

例えば、**表12.2**のテストケースは分岐網羅が100%になります。

表12.2 分岐網羅が100%のテストケース

Case	分岐(1)	分岐(2)	分岐(3)	入力内容	期待される結果
Case 1	true	-	-	args = null	例外「引数が不正です。」が発生
Case 2	false	true	true	args = ['hoge', 'piyo', 'fuga']	3を返す
Case 3	false	false	false	args = ['piyo', 'hoge', 'fuga']	0を返す

定義上、分岐網羅が100%であれば、必ず命令網羅が100%となります。

◆ パス網羅

テスト対象の分岐条件の全組み合わせに対して、実際にテストされている組み合わせの割合で判定します。

分岐網羅100%のテストケース Case 1～Case 3では、分岐条件の組み合わせのすべてを網羅しません。不足する分岐条件の組み合わせに相当するテストケースを追加した**表12.3**のテストケースは、パス網羅が100%となります。

表12.3 パス網羅が100%のテストケース

Case	分岐(1)	分岐(2)	分岐(3)	入力内容	期待される結果
Case 1	true	-	-	args = null	例外「引数が不正です。」が発生
Case 2	false	true	true	args = ['hoge', 'piyo', 'fuga']	3を返す
Case 3	false	false	false	args = ['piyo', 'hoge', 'fuga']	0を返す
Case 4	false	true	false	args = ['hoge', 'foo', 'fuga']	1を返す
Case 5	false	false	true	args = ['foo', 'piyo', 'fuga']	2を返す

定義上、パス網羅が100%であれば、必ず分岐網羅および命令網羅が100%となります。

◆ 条件網羅

テスト対象に含まれる判定条件についてのテスト割合で判定します。分岐①、分岐②、分岐③のそれぞれの判定条件を細かく見ると、全部で5つの判定条件が含まれます（**リスト12.2**）。

リスト12.2 分岐①〜③に含まれる判定条件

表12.4のテストケースは、すべての判定条件について真偽の場合が実行されることになります。

表12.4 条件網羅100%のテストケース

Case	条件(a)	条件(b)	条件(c)	条件(d)	条件(e)	入力内容	期待される結果
Case 1	true	-	-	-	-	args = null	例外「引数が不正です。」が発生
Case 6	false	true	-	-	-	args = ['piyo']	例外「引数が不正です。」が発生
Case 7	false	false	true	false	true	args = ['hoge', 'foo', 'fuga']	1を返す
Case 8	false	false	false	true	false	args = ['foo', 'fuga', 'bar']	0を返す

このテストケースは、分岐③がtrueとなるケース（条件(d)がtrueかつ条件(e)がtrue）が存在しないので、命令網羅、分岐網羅、パス網羅のいずれも100%にはなりません。

一方、パス網羅が100%となるテストケースは、条件網羅100%を満たすとは限りません。すなわち、条件網羅は命令・分岐・パス網羅との強弱関係はありません。

本書で学習した3つの網羅性の他にも、網羅性を表す方法がいくつか存在します。網羅性については、どの網羅性を採用したとしても（本書で学習したものも含みます）、誤解のないように定義を確認しておくほうがよいでしょう。

12-3 単体テストと結合テスト

12-3-1 ◉ 単体テスト

一般にプログラムは様々な条件をもとに複雑に分岐しながら動作します。

大規模なプログラムにおいては、プログラムを「まとめて」テストするには、天文学的な量のテストケースが必要になります。テストの網羅性を高めようと思えばなおさらです。ですが網羅性は実現不可能なただの概念というわけではありません。プログラムを「まとめて」テストできないのならば、プログラムがテストできる程度に小さく「分割して」テストすればよいのです。

プログラムの関数・メソッドなどの小さな単位で行うテストを単体テストといいます。単体テストは、プログラムの開発者が、プログラム本体の開発とほぼ同時に作成し、プログラムのちょっとした変更のたびに繰り返して実施するテストです。

プログラムの単体テストはひとつひとつは単純なものですが、繰り返し実施されること、大規模プログラム全体では総数が多くなることから、基本的には自動化されたプログラムにより実施されます。

十分に分割されたプログラムは、網羅率を高めることはそれほど難しくはありません。分割されたそれぞれの単位の中に含まれる分岐の数が少ないため、組み合わせの数が増えづらいからです[注4]。

それぞれのパーツの単体テストにおいて、あるパーツが別のパーツを利用する場合には、利用先のパーツが期待する結果を返すものとしてテストを行います。

例えば、

- 機能Aは入力値xに対してyを返す
- 機能Bは機能Aを利用している。機能Aがyを返した場合に、機能Bはzを返す

ということが単体テストによって保証されたならば、演繹的に「機能Bは入力値xに対してzを返す」ことが保証されます。

単体テストにおいては、機能Bが利用している機能Aは、本物の機能Aではなく、「必ずyを返すダミー機能A'」に差し替えます。そうすることで、機能Aと機能Bとが独立してテストできます。

機能Aにバグがあろうがなかろうが、あるいは機能Aが実装済みか未実装かにかかわらず、機能Bだけテストできるのです。

このようなダミー機能を「**テスト・ダブル**」、「**モック**」などと呼びます[注5]。

12-3-2 ◉ 結合テスト

単体テストは、テストの範囲を細かく切って独立性を上げることで、テストの網羅性を容易に上昇できます。一方で、プログラム全体としての動作の正しさは演繹的にしか保証できません。単体テストされたそれぞれの機能を組み合わせた結果、特定の組み合わせ条件で予期せぬ挙動をしめすことがあります。

機能A、Bのそれぞれをダミーに差し替えたりせず「まとめて」テストすることを「**結合テスト**」と言います。

結合テストでは、大きく次の2点を検証します。

注4) ただし、ループ構造については、パス網羅率100%のテストは困難か、もしくは事実上不可能です。
注5) これらの用語の厳密な違いについては深く触れません。

◆ 接続点の検証

　第一には、関連する機能間の接続点（インターフェイス）が正しく動作するかどうかの検証です。

　例えば、機能Bを利用する機能Aの開発者が、機能Bの仕様を勘違いしていたとします。機能Aは適切に単体テストされ、機能単体としては開発者の期待どおりに動作します。しかし実際には、前提条件であるところの機能Bが開発者の期待とは異なる挙動をしめすため（単体テストが間違っているとも言えます）、機能Aは機能Bと結合してみると正しく動作しません。

　こうした問題は、機能Aの単体テストだけではなかなか見えてきません。

◆ 一貫性の検証

　もう1つは、全体としての一貫性を検証することです。

　よくあるケースとして、たくさんの機能のパーツを組み合わせて、1つの大きな機能を作った時、非常に低速に動作するということが挙げられます。

　それぞれの機能は単体としてはある程度の速度で動作するにも関わらず（そのため問題点が明らかにならずに）、それぞれの機能が、あるいは機能間のデータのやりとりが少しずつ遅かったために、それが蓄積して全体としての速度劣化につながってしまうのです。

　小さな問題が蓄積して全体としては問題が発生するようなケースも、単体テストでは見出しづらいです。

　このように、単体テストにはない特長をもった結合テストですが、一方で、テストの網羅性が犠牲になったり、各テストケースの（結合した処理を行う分）実行時間が犠牲になります。

　また、結合テストを行う場合は、それぞれの機能にはかならず単体テストを用意してください。結合テストは単体テストの後に行います。そうでないと、結合テストが失敗した場合、「機能全体の中のどこかに問題がある」ことしかわからないので、「接続点が間違っている」「全体として一貫性がない」という可能性に加えて、「それぞれの機能パーツに問題がある」という可能性も検証しなければならないからです。

　結合テストは単体テストの変わりにはならないことは覚えておいてください。

12-3-3 ● 単体テストと結合テストの境界線

　計算ライブラリのような比較的軽量なもの（Math.min()関数など）については、ダミーに差し替えずに結合して利用するほうが良いこともあります。

　例えば**リスト12.3**のコードがあるとしましょう。

リスト12.3 1以上を返す（はずの）プログラム

```
function atLeastOne(x) {
  return Math.min(x, 1);
}
```

　この関数は、引数xが1未満の場合は1を、それ以上の場合はその値を返すものとします。atLeastOne()関数は外部（組み込み）ライブラリMath.min()を利用しています[注6]。

　このコードをテストする場合、Math.min()関数をダミー関数に差し替えてテストする必要はありません。Math.min()と結合した状態で、直接「引数に1未満の値として0を与えて1が返る」ことなどをテストするのが良いです。

　このように、十分にテストされていて、かつ十分に高速に動作するとみなせる機能に依存するプログラムは、しばしば依存先のプログラムと結合的にテストを行うことがあります。多くの場合、こうした結合的なテストも「単体テスト」とみなします。

》12-4 ホワイトボックステストとブラックボックステスト

　ソフトウェア開発においては、一般的には開発者はプログラムを適切なサイズまで分割することが正しいとされます。そうすることで、プログラムを分割した単位ごとに細かくテストでき、結果としてプログラムの品質を効率よく高められるからです。

　そのため、開発者の行うテストはより「単体テスト」に近づいていきます。テストの責任範囲を小さく絞ることで、テストの網羅性が高くなってゆきます。

注6） このコードにはバグがあります。Math.max()を使うべき所を意図的にMath.min()を使っています。

時間目 クライアントサイドのデバッグとテスト（前編）

12-4-1 ●テストの網羅性を高める理由

単体テストの網羅性を高めることは、ソフトウェアの品質担保について一定のレベルで寄与しますが、仮に網羅率が100%（ここではパス網羅および条件網羅の両方とでもします）であったとしても、ソフトウェアにバグが存在しないことの証明にはなりません。

◆理由1：単体テストは演繹的である

その理由の1つは、開発者のテストが単体テスト中心で、ソフトウェア全体が期待どおりに動作することがあくまで演繹的にしか説明できないことです。

例えば単体テストで差し替えたダミーにバグがあるため、機能のバグを検知できないという可能性などが考えられます。この場合は、演繹そのものが間違っているので、単体テストがすべて成功したとしても、ソフトウェアは期待どおりに動作しません。

パーツを細かく分割するほど、そのようなエラーが入る余地が生まれます。

◆理由2：プログラム仕様が間違っている可能性を排除できない

もう1つの理由は、開発者の想定がユーザの期待と一致しない可能性があることです。例えば開発者がソフトウェアの仕様を取り違えてしまったため、開発者の期待どおりには動作するものの、ユーザが求める仕様を満たさないというケースが考えられます。

ソースコードを元にテストを書く手法では、いくらテストの網羅率を上げたところで、こうしたエラーは検出できません。この点は、「結合テスト」の項でも説明したとおりです。

この穴を補うため、単体テストの次に結合テストを行います。単体テストは、ソフトウェアの内部構造に着目したテスト（ホワイトボックステスト）を中心としますが、結合テストでは、比較的ソフトウェアの外部仕様に着目したテスト（ブラックボックステスト）が多くなります。単体テストから結合テスト、さらには受け入れテストとフェーズが進むにつれて、テストしなければならない条件（外部仕様）の組み合わせが爆発的に増えてしまいます。そのため、網羅性の種類によっては100%を目指せません。

しかし、一般的にはソフトウェアの欠陥は局在する傾向があり、特定のケースが特に「バグいやすい」ことが経験的にわかっています。このことを逆手に取って条件を絞ってテストを行うことで、少ないテストケース数で効果的に（かつできるだけ網羅性の高い）テストができるようになります。

12-4-2●同値分割

　同値分割とは、仕様に基づいて入力値を「同値クラス」に分類して、それぞれの同値クラスから「代表値」を1つ選んでテストケースとするテスト設計手法です。

　先ほど登場したatLeastOne()関数について考えてみます。

　この関数は、「引数に1以下の値が与えられた場合は1を返し、1以上の値が与えられた場合はその値を返す」という仕様が与えられています[注7]。

　この仕様においては、引数の取りうる値として、2つの同値クラスに分類できます。

- 同値クラスA：1以下
- 同値クラスB：1以上

　おそらくプログラムの内部構造では分岐して実行すると思われるので、この2つの同値クラスのそれぞれをテストすると良さそうです[注8]。

　一方で、それぞれの同値クラスに対して、プログラムの内部構造では分岐して実行することは無さそうですし、同値クラスの中のどの値をテストケースとして採用しても、問題無さそうです。

- 同値クラスAの代表値：0
- 同値クラスBの代表値：2

　なお、データの入力値に応じてアルゴリズムを切り替えている可能性はもちろんあります。そうした内部情報を知っているのならば、アルゴリズムを切り替えるポイントで同値クラスを分けるとよいでしょう。内部情報を一部知ってテストすることをホワイトとブラックとの間を取って「**グレーボックステスト**」と言います。

　テストケースとしては**表12.5**のとおりです。

表12.5 同値クラスごとにテストケースを設定する

Case	入力値	期待される出力値
Case A	0	1
Case B	2	2

注7） 引数が「1」の場合に「1以下の値が与えられた場合」「1以上の値が与えられた場合」の両方を満たしますが、どちらの条件として判定しても「1」を返却するべきなので矛盾しません。「1」の場合に「1以下」「1以上」のいずれで解釈するかはプログラムの内部仕様に依存します。ここでは、必要以上に内部仕様に立ち入ることを防ぐため、意図的にこのように記述しています。

注8） 内部構造が実際にどうなっているかは重要ではありません。実際、先のatLeastOne()のプログラムには分岐は存在しません。

このテストケースで先のatLeastOne()関数をテストしてみると、期待される出力値が得られないことがわかります。バグが発見された瞬間です。実際には、内部構造に思いを馳せながら同値分割を行う…ということはなく、外部仕様から機械的に分割します。機械的に分割していっても、概ねプログラムの内部構造と一致する可能性が高く、ソフトウェアを効率よくテストできるのです。

12-4-3●境界値分析

同値分割と並んで重要な技法に、「**境界値分析**」が挙げられます。ここでは、「引数に0以上の値が与えられたらその値を返却する、負値が与えられたらエラーになる」という仕様のerrorIfMinus()という関数を考えてみます。

同値分割によって**表12.6**の2つのテストケースが作れます。

表12.6 同値クラスごとにテストケースを設定する

Case	入力値	期待される出力値
Case A	2	2
Case B	-1	エラー「負値が与えられました：-1」

しかし、内部実装は**リスト12.4**のようになっていました。このプログラムは、上記テストケースA、Bは成功しますが、仕様を満たさないバグが存在します。

リスト12.4 テストケースを満たすがプログラムにバグがある例

```
function errorIfMinus(x) {
  if (x > 0) {
    return x;
  } else {
    throw Error('負値が与えられました: ' + x);
  }
}
```

このバグは、開発者が「以上」と「より大きい」を取り違えてしまったために起こりました。

一般的に、入力値の範囲に応じて分岐が発生する場合、入力値の範囲の境界を間違えてしまうことが多くあります。このようなバグを防ぐために、同値クラスとして分割した境界の値（境界値）に関するテストケースを作ることが広く行われます。境界値に関するテストケースを設定することを「**境界値分析**」と言います。

今回の場合は、同値分割のテストケースに対してテストケースCを追加します（**表12.7**）。

表12.7 境界値テストを追加する

Case	入力値	期待される出力値
Case A	2	2
Case B	-1	エラー「負値が与えられました：-1」
Case C	0	0

◆ 離散値における境界値分析

整数値などのような離散値については、それぞれの同値クラスの最大値、最小値を選択すると良いです。例えば、日付を入力するシステムの「月」の入力値チェックに関して、次のような仕様があるものとします。

- 入力値は整数で与えられる
- 入力値が1以上12以下の場合は「有効」な値、0以下または13以上の場合は「無効」な値としてチェックされる

このとき、「0以下の整数」「1以上12以下の整数」「13以上の整数」という3つの同値クラスが設定できます。これらの同値クラスに対する境界値としては、0、1、12、13を選択すると良いです。

◆ 文字列における境界値分析

文字列のような非順序値については、いわゆる境界値というのは定義できませんが、文字列の長さなどの観点から境界値分析が可能になります。文字列の長さは同時に同値クラスに相当するので、適当な代表値を選択します。

- 非文字列（null）
- 文字列長 0（空文字列 "）
- 文字列長 1（'a'）
- 一般的な文字列（'hoge'）

JavaScript の特性を踏まえると、文字列判定に if(!!str && str.length){ のようなイディオムを使うことが多いので、非文字列の同値クラスおよび代表値はさらに falsy（!!str が false）になる null などと truthy な非文字列 1 などとわけてもよいでしょう。．

12-4-4 ● 隠れた同値・境界値

　同値分析や境界値分析は、どちらもプログラムの仕様にもとづいて行います。ところが、プログラムの仕様として明記されないような隠れた同値・境界値がしばしばバグの原因になることがあります。

　例えば、Web アプリケーションにおいては、HTML の特殊文字の取り扱いの問題があります。ここまでで開発した Tiny Todo List で Todo のタイトルを画面に表示するという状況を考えてみましょう。タイトルにはキーボードから入力できる任意の文字列が格納されますが、それを「HTML として」そのまま画面に出力すると問題が発生します。HTML でエスケープが必要な文字（**表** 8.4 参照）が含まれる場合、画面表示が崩れてしまいます。つまり、画面に出力する文字の種類に関して、エスケープが必要な文字とそうでない文字という 2 つの同値グループが存在するのです。

　本書で解説したプログラムの組み方では、エスケープが必要な文字を含む Todo タイトルが入力された場合に画面表示が崩れてしまうことはありませんが、プログラムの組み方によっては画面表示に影響を与える可能性があります。これは「バグりやすい」特定のケースの一つであり、隠れた同値グループがあることに起因します[注9]。

　こうした条件は、プログラムの仕様として明記されるとは限りません。隠れた同値・境界値には十分注意してください。

注9）　この問題は **15 時間目**「クロスサイト・スクリプティング（XSS）」で改めて解説します。

Column　デシジョンテーブル

　テストケース数の爆発を抑え、効果的なテストを行うための手法の入り口として、同値・境界値分析を学習しました。同値・境界値分析により、それぞれの因子ごとのテストケース数を減らすことには成功できますが、それでも全組み合わせをテストするとテストケース数が掛け算で増えてしまうことにはかわりません。

　テストケース数の上限を抑える手法として「オールペア法（ペアワイズ法）」、「直交表」というのがあります。これらの手法では、テストケースを「デシジョンテーブル」と呼ばれる表形式に整理してからある法則にしたがってテストケースを抽出します。

　紙面の都合上これらの原理と手法を詳しく解説する余裕はありませんが、興味を持ったらぜひ学習してほしいと思います。

確認テスト

Q1 図12.3において、main.jsの20行目ではなく、16行目にブレークポイントを設定した場合はどのような挙動をしめしますか。確認してみましょう。

Q2 削除ボタンをクリックし、表示されたダイアログにOKをクリックしたときにプログラムを中断したい場合、main.jsのどこにブレークポイントを設定すればよいでしょうか。

Q3 リスト12.1において、命令網羅、分岐網羅、パス網羅のすべてが100%になるようなテストケースを考えてみましょう。

13時間目 クライアントサイドのデバッグとテスト（後編）

この時間は、開発者が自動化されたテストを用意するためのテストフレームワークと、その上で動作するテストの作成の実際について学習します。プログラムの開発においては、プログラムを細かく修正する度にバグが含まれていないかをテストする必要があります。この作業は繰り返し行われます。自動化されたテストは、この作業を正確に効率よく行うのに必須の技術です。かならず習得するようにしてください。

今回のゴール

- JavaScriptのテストフレームワークの概要を学ぶ
- プログラムの単体テスト手法を理解し、実際にテストを実装する

13-1 テストフレームワーク

テストの自動化には、「**テストフレームワーク**」と呼ばれるものを使います。JavaScriptの場合、いくつかのテストフレームワークがあります。本書では、「Jasmine」と呼ばれるテストフレームワークを用いて単体テストを行います。

13-1-1 ● Jasmineとは

Jasmine は、振る舞い駆動開発（BDD）のためのテストフレームワークです。その特徴として、自然言語（日本語のように、私達が普段つかう言語）で、テスト対象となるプログラムに期待する「振る舞い」を併記しながらテストコードを記述する点が挙げられます。

今回は、作成したプログラムに対して、あとからテストコードを作るという流れで開発しています。

一般的なBDDにおいては、先にテストコード、つまり振る舞いの仕様書を作成してから、本体の実装を行う流れで開発を行います。ホワイトボックスの単体テストに効果を発揮するツールですが、後述するSeleniumテストなど、ブラックボックスの結合テストにも対応できます。

本書では、Seleniumテストを動作させるための基盤として利用します。

13-1-2 ● Seleniumとは

Webアプリケーションのテストは、Webブラウザを経由して実際のアプリケーションを操作して動作をチェックする結合テストが必要になります。

Seleniumは、ブラウザでのテストを自動的に行うためのツールです。Seleniumは、**Selenium WebDriver**という仕組みを用いてブラウザを操作します。Internet Explorer、Firefox、Google Chromeといった、主要ブラウザの操作に対応していると同時に、ブラウザを操作するプログラムをJavaScriptやJavaといったプログラム言語で記述できます。

本書では、Selenium WebDriverをJavaScriptで操作して自動テストを記述することにします[注1]。ここでは、Selenium WebDriverを直接操作するのではなく、**Nightwatch.js**という、JavaScriptからWebDriverをより平易に操作するためのライブラリを利用します。

13-2 テストケースを作ってみよう

13-2-1 ● ひな形を用意する

「Tiny Todo List」のためのテストコードのひな形は「test/selenium/spec/sample-test.js」に用意されています（**リスト13.1**）。

注1） JavaScript版のSelenium WebDriverは、実は使い方が複雑で難しいです。詳細は割愛しますが、JavaScript版のSelenium WebDriverの実行基盤であるNode.jsの設計思想とも関係しています。

13時間目 クライアントサイドのデバッグとテスト（後編）

リスト13.1 sample-test.js

```javascript
var fixture = require('../lib/fixture.js');

module.exports = {
  beforeEach: function(browser, done) {
    fixture('todo', 'todo/default').then(done);
  },

  'テストケース': function(browser) {
    browser.init();
    // ここにテスト内容を記述
    browser.end();
  }
};
```

「テストケース」は、実際のテスト単位になります。テストケースを並べて、様々な項目をテストできます。個々のテストケースには、これには、重複しない任意の名称を付けることができます。「〇〇すると、××になる」のような、テスト項目の概要を記述するとよいでしょう。

まずは、空の状態で、テストを動かしてみます。

```
$ cd ~/workspace/15hr
$ npm test
```

端末には次のようなメッセージが表示されます。

```
[19:47:51] Using gulpfile ~/15js/13hr/server/gulpfile.js
[19:47:51] Starting 'test:selenium'...
gulp.run() has been deprecated. Use task dependencies or gulp.watch
task triggering instead.
```

（次ページに続く）

（前ページの続き）

```
[19:47:51] Starting 'server:start'...
[19:47:51] Finished 'server:start' after 2.88 ms
[19:47:51] Starting 'test:selenium:body'...
Starting selenium server... started - Pid:  24542


[Sample Test] Test Suite
======================

Running:  テストケース
Fixture: test/selenium/fixtures/todo/default.json -> data/todo.json ...
SUCESS
1 Oct 19:47:54 - [JsonDB] DataBase ./data/todo.json loaded.
No assertions ran.

[19:47:54] Finished 'test:selenium:body' after 3.18 s
[19:47:54] Starting 'server:stop'...
[19:47:54] Finished 'server:stop' after 406 µs
[19:47:54] Finished 'test:selenium' after 3.19 s
[19:47:54] Starting 'test'...
[19:47:54] Finished 'test' after 4.21 µs
```

　途中で一瞬だけWebブラウザが立ち上がり、「Tiny Todo List」の画面が表示されます。Selenium WebDriverによってブラウザをプログラムから制御した結果です。といっても、「No assertions ran.（判定は一つも実行されなかった）」というメッセージが表示されているように、テストの判定項目は用意していないため、ブラウザを起動して「Tiny Todo List」を表示し、終了するということしか行われていません。

13-2-2●実際のテストケースを作成する

　そこで、実際のテストケースを作成してみます。ここでは、Todoを新しく作成することを検証してみます。
　sample-test.js（**リスト13.1**）をコピーして、new-todo.jsを作成します。続いて、new-todo.jsを**リスト13.2**のように編集します。

13 時間目　クライアントサイドのデバッグとテスト（後編）

リスト13.2　new-todo.js

```javascript
var fixture = require('../lib/fixture.js');

module.exports = {
  beforeEach: function(browser, done) {
    fixture('todo', 'todo/default').then(done);
  },

  '「今日の予定」と入力して Enter キーを押したら、Todoリストの末尾に「今日の予定」が追加される': function(browser) {
    var newTodoTitle = '.todo-title';
    var lastTodo = '.todos li:nth-child(3)';

    browser.init();                                          ①
    browser.waitForElementPresent(newTodoTitle);             ②
    browser.setValue(newTodoTitle, '今日の予定¥n');

    browser.waitForElementPresent(lastTodo);
    browser.expect.element(lastTodo).text.to.contain('今日の予定');
    browser.end();
  }
};
```

リスト13.2①で、Tiny Todo List のページ（http://localhost:3000/）をブラウザで開きます。リスト13.2②の「.waitForElementPresent()」は、これから操作を行う対象の要素が作られるまで待つことを指示します。

この後のテストで、新規予定を入力しますが、その入力欄はCSSセレクタ「.todo-title(newTodoTitle)」によって指定できます。

今回の場合は、最初のHTMLに含まれているため、この記述は不要です（todolist.htmlの中身を確認してみましょう）。

一方で、「予定1」などの部分は、一旦予定リストを含まないHTMLを表示させてから、サーバ側に予定リストを問い合わせた結果を元に生成しています。この記述は、サーバ側からの問い合わせを待たずにテストを実行してしまうことを防ぐために用います。

おまじないとして、非同期処理が関係する可能性のある操作の直後で、次に操作する対象の要素（のセレクタ）を指定しておくと良いでしょう。

```
browser.setValue(newTodoTitle, '今日の予定\n');
```

.setValue()では、操作対象要素（新規予定の入力欄）のvalueに「今日の予定\n」を設定します。「\n」は改行コードで、Enterキーを押す操作に対応します。

```
browser.waitForElementPresent(lastTodo);
```

Enterキー押すことによって、「今日の予定」がCSSセレクタ「.todos li:nth-child(3)(newTodoTitle)」の要素として作成されるはずです[注2]。

しかし、この処理は非同期的なので、時間がかかる可能性があります。そのため、.waitForElementPresent()で待機する必要があります。

```
browser.expect.element(lastTodo).text.contain('今日の予定');
```

作成された<li>要素に、「今日の予定」という文字列（text）が含まれる（contain）ことを判定します。

編集を加えたら、テストを再実行してみましょう。

```
$ npm test
```

注2) class属性がtodosの(<ul>)要素の3番目の子<li>要素です。

```
[20:03:39] Using gulpfile ~/15js/13hr/server/gulpfile.js
[20:03:39] Starting 'test:selenium'...
gulp.run() has been deprecated. Use task dependencies or gulp.watch
task triggering instead.
[20:03:39] Starting 'server:start'...
[20:03:39] Finished 'server:start' after 2.88 ms
[20:03:39] Starting 'test:selenium:body'...
Starting selenium server... started - Pid:  25149


[New Todo] Test Suite
===================
Running: 「今日の予定」と入力して Enter キーを押したら、Todo リストの末尾に「今
日の予定」が追加される
Fixture: test/selenium/fixtures/todo/default.json -> data/todo.json ...
SUCESS
1 Oct 20:03:43 - [JsonDB] DataBase ./data/todo.json loaded.
1 Oct 20:03:43 - [JsonDB] DataBase ./data/todo.json loaded.
 ✔ Testing if element <.todos li:last-child> contains text: "今日の予定
".

OK. 1 assertions passed. (3.314s)


[Sample Test] Test Suite
========================

Running: テストケース
Fixture: test/selenium/fixtures/todo/default.json -> data/todo.json ...
SUCESS
1 Oct 20:03:45 - [JsonDB] DataBase ./data/todo.json loaded.
No assertions ran.

OK. 1 assertion passed. (5.735s)
```

今度は、テストが正常に行われたことがわかります。次は意図的にテストを失敗させてみます。

```
browser.setValue('.todo-title', '今日の予定\n');
```

を

```
browser.setValue('.todo-title', '明日の予定\n');
```

と書き換えてからテストを実行します。

```
✖ Testing if element <.todos li:last-child> contains text: "今日の予定
".  - expected "今日の予定" but got: 明日の予定
✐✖
    at Object.module.exports.「今日の予定」と入力して Enter キーを押したら、
Todo リストの末尾に「今日の予定」が追加される (~/15js/13hr/server/test/
selenium/spec/new-todo.js:12:12)
    at Module.call (~/15js/13hr/server/node_modules/nightwatch/lib/
runner/module.js:60:34)
    at ~/15js/13hr/server/node_modules/nightwatch/lib/runner/testcase.
js:96:29
    at _fulfilled (~/15js/13hr/server/node_modules/nightwatch/node_
modules/q/q.js:834:54)
    at self.promiseDispatch.done (~/15js/13hr/server/node_modules/
nightwatch/node_modules/q/q.js:863:30)
    at Promise.promise.promiseDispatch (~/15js/13hr/server/node_
modules/nightwatch/node_modules/q/q.js:796:13)
    at ~/15js/13hr/server/node_modules/nightwatch/node_modules/q/q.
js:604:44
```

（次ページに続く）

（前ページの続き）

```
    at runSingle (~/15js/13hr/server/node_modules/nightwatch/node_
modules/q/q.js:137:13)
    at flush (~/15js/13hr/server/node_modules/nightwatch/node_modules/
q/q.js:125:13)
    at doNTCallback0 (node.js:407:9)

FAILED:  1 assertions failed (3.383s)
```

上記のようにテストが失敗した旨が表示されます。

Column テストフィクスチャ

　自動化されたテストは、繰り返し実行されます。テストのチェック内容には、「新しい Todo を追加する」など、システムに対して永続的な変更を加えるものが含まれます。テストを繰り返し実行するためには、こうした永続的な変更をリセットし、定められた前提条件のもとで実行されなければなりません。

　テストフィクスチャとは、テストの前提条件のことを指します。Tiny Todo List においても、Todo のリストをテスト前に固定化し、必ず2つの予定が登録されている状態にしています。

```
beforeEach: function(browser, done) {
  fixture('todo', 'todo/default').then(done);
},
```

　この部分が、テストフィクスチャをセットアップするコードになります。このコードは、それぞれのテストケースの実行前に呼び出され、todoデータベースをtodo/default.jsonに登録されている内容で上書きします。

　なお、本書のシステムでは、テスト用のデータベースと、本番用データベースを区別していないため、テストを実行すると、かならず本番用データが上書きされて消えてしまいます。本番用データを消したくない場合は、テスト実行前に、data/todo.jsonをバックアップしておいてください。

13-2-3●複数のテストケースを設定してみる

　1つのテストJavaScriptファイルには、複数のテストケースを設定できます。ここでは、先に触れた、「なにも入力しない状態で Enter キーを押した」場合についてテストしてみましょう。

　実際には、現時点のTiny Todo Listには何も入力しない状態で Enter キーを押した場合、空白のTodoが生成されて見た目がおかしくなるというバグが残されています。

　実際にこのバグをテストで検知してみることにします。

　まず、バグっていない、正常な状態について考えます。この場合の自然な挙動としては、「Todoが入力されていないので Enter キーの入力は無視される」となるでしょう。そのため、テストケースは Enter キーの入力が無視されていること（新しいTodoが生成されないこと）をチェックするものになります。

　リスト13.2に示したnew-todo.jsに新しくテストケースを追記します（**リスト13.3**）。

リスト13.3 new-todo.js（2つめのテストケースを追加）

```javascript
var fixture = require('../lib/fixture.js');

module.exports = {
  beforeEach: function(browser, done) {
    fixture('todo', 'todo/default').then(done);
  },


  '「今日の予定」と入力して Enter キーを押したら、Todo リストの末尾に「今日の予定」が追加される': function(browser) {
    var newTodoTitle = '.todo-title';
    var lastTodo = '.todos li:nth-child(3)';

    browser.init();
    browser.waitForElementPresent(newTodoTitle);
    browser.setValue(newTodoTitle, '今日の予定¥n');
```

（次ページに続く）

13時間目 クライアントサイドのデバッグとテスト（後編）

（前ページの続き）

```
    browser.waitForElementPresent(lastTodo);
    browser.expect.element(lastTodo).text.to.contain('今日の予定');
    browser.end();
}, // <- この「,」を忘れずに!

'何も入力しない状態でEnterキーを押しても、なにもおこらない':
function(browser) {
    browser.init();
    browser.waitForElementPresent('.todos li:nth-child(2)');
    browser.expect.element('.todos li:nth-child(3)').not.to.be.present;
    browser.expect.element('.todos li:nth-child(2)').to.be.present;

    browser.setValue('.todo-title', '\n');

    browser.pause(1000);        ①
    browser.expect.element('.todos li:nth-child(3)').not.to.be.present;
    browser.end();
}
};
```

　ここでは、Enterキーを押す前に2個しかTodoが登録されていないことを確認した上で、Enterキーを押したあとも3個目のTodoができていないことをチェックしています。

　リスト13.3①は、1000ミリ秒（1秒）待つコマンドです。非同期処理で「しばらく待っても」要素が作られないことをテストするために、1秒待ってからテストを再開します。

　このテストコードを実行すると、以下のように「正しく」バグが検知できました。

```
✘ Expected element <.todos li:nth-child(3)> to not be present  -
  expected "not present" but got: present
```

無事に(?)バグが検知されたら、今度はデバッグのフェーズになります。Enterキーイベントのハンドリングは、main.jsのonNewTodoKeydown()のなかで行っています(**リスト13.4**)。

リスト13.4 main.js（キーイベント関連部分の抜粋）

```javascript
function onNewTodoKeydown(event) {
  if (event.keyCode !== 13) {
    return; // イベントを何も処理せず抜ける
  }

  var creatingTodo = todo.dom.newTodo.getTodo();
  todo.data.todo.create(creatingTodo)
    .then(function(createdTodo) {
      todo.dom.todos.add(createdTodo);
      todo.dom.newTodo.clear();
    })
    .catch(function(error) {
      alert(error);
    });
}
```

creatingTodoに登録するTodoの内容が入ります。入力が空の場合は、creatingTodo.titleが空文字列になります。

修正コードは次のとおりです（**リスト13.5**）。

リスト13.5 main.js（キーイベントの処理修正）

```javascript
function onNewTodoKeydown(event) {
  if (event.keyCode !== 13) {
    return;
  }
```

（次ページに続く）

13時間目 クライアントサイドのデバッグとテスト（後編）

（前ページの続き）

```
  var creatingTodo = todo.dom.newTodo.getTodo();
  if (creatingTodo.title === '') {
    return;
  }

  todo.data.todo.create(creatingTodo)
    .then(function(createdTodo) {
      todo.dom.todos.add(createdTodo);
      todo.dom.newTodo.clear();
    })
    .catch(function(error) {
    });
}
```

修正を施して、もう一度テストを実行してみましょう。

```
Running:   何も入力しない状態で Enter キーを押しても、なにもおこらない
Fixture: test/selenium/fixtures/todo/default.json -> data/todo.json ...
SUCESS
5 Oct 20:00:29 - [JsonDB] DataBase /home/guest/15js/13hr/server/todo.js/data/todo.json loaded.
 ✔ Expected element <.todos li:nth-child(3)> to not be present - element was not found
 ✔ Expected element <.todos li:nth-child(2)> to be present
 ✔ Expected element <.todos li:nth-child(3)> to not be present - element was not found
```

今度はバグが修正されて、期待どおりの挙動を示すようになりました。

13-3 テストスイートを作ってみよう

　ここまでは、新規Todoの作成機能にまつわるテストケースを2つ用意しました。これらのテストケースは、1つのJavaScript ファイル（new-todo.js）にまとめられています。

　こうしたテストケースのグループを、しばしば「**テストスイート**」と呼びます。多くのテストフレームワークでは、1つのファイルが1つのテストスイートに対応します。

　既存Todoの完了状態やタイトル変更といった機能については、別のテストスイートを用意すると良いです[注3]。

13-3-1 ●実際にテストスイートを作成する

　ここでは、update-todo.jsというテストスイートを作成します。まずは、sample-test.jsをコピーしてupdate-todo.jsにした後、**リスト13.6**のコードに修正してください。

Column｜テストスイート

テストスイートとは以下の2つの意味で使われます。

① 同じ目的だったり、同じ前提条件を持つ複数のテストケースをまとめたもの
② 順序の付いた一連のテストケースをまとめたもの

　単体テストの文脈では①の意味で使われます。本書でも①の意味で利用しており、テストの実行順序に依存せず、すべてのテストケースは同じ前提条件（データベースの内容）で実行されます。
　一方、シナリオテスト（特定のシナリオにそって順に機能を実行するテスト）の文脈では②の意味で利用されます。

注3）　今回はupdate-todo.jsという1つのテストスイートにまとめますが、必要に応じて細かくテストスイートに分割してください。

リスト13.6 update-todo.js

```js
var fixture = require('../lib/fixture.js');

module.exports = {
  beforeEach: function(browser, done) {
    fixture('todo', 'todo/default').then(done);
  },

  'チェックボタンを切り替えると、完了状態が永続化される': function(browser) {
    var checkbox1 = '.todos li:nth-child(1) input[type=checkbox]';
    var checkbox2 = '.todos li:nth-child(2) input[type=checkbox]';

    browser.init();
    browser.waitForElementPresent(checkbox1);
    browser.expect.element(checkbox1 + ':checked').not.present;
    browser.expect.element(checkbox2 + ':checked').present;
    browser.click(checkbox1 + '+label'); // CSS でチェックボックスは非表示
になっているため、直後の <label> 要素をクリックしなければならない

    browser.init(); // ページの再読み込み
    browser.waitForElementPresent(checkbox1);
    browser.expect.element(checkbox1 + ':checked').present; // OFF → ON
が永続化
    browser.expect.element(checkbox2 + ':checked').present; // 「予定2」
は変化しない
    browser.click(checkbox1 + '+label');

    browser.init(); // ページの再読み込み
    browser.waitForElementPresent(checkbox1);
    browser.expect.element(checkbox1 + ':checked').not.present; // OFF
→ ON が永続化
```

（次ページに続く）

（前ページの続き）

```javascript
    browser.expect.element(checkbox2 + ':checked').present; // 「予定2」
は変化しない
    browser.end();
},

'編集ボタンを押すと、入力が可能になり、[Enter]キーを押すと永続化される':
function(browser) {
    var editButton1 = '.todos li:nth-child(1) .todo-operation-edit';
    var text1 = '.todos li:nth-child(1) label';

    browser.init();
    browser.waitForElementPresent(editButton1);
    browser.click(editButton1);
    browser.expect.element(text1).attribute('contenteditable').
equals('true');

    browser.click(text1); // contenteditable=true の要素にキーを送るには
    // [Ctrl]+[A] [Delete]キーで入力内容全削除
    browser.keys([browser.Keys.CONTROL, 'a', browser.Keys.NULL, browser.
Keys.DELETE]);
    browser.keys('変更\n');

    browser.expect.element(text1).text.contains('変更');
    browser.expect.element(text1).not.attribute('contenteditable');

    browser.init(); // ページの再読み込み
    browser.waitForElementPresent(text1);
    browser.expect.element(text1).text.contains('変更');
    browser.end();
},
```

（次ページに続く）

（前ページの続き）

```javascript
'編集ボタンを押すと、入力が可能になるが、空の状態でEnterキーを押しても無視される': function(browser) {
    var editButton1 = '.todos li:nth-child(1) .todo-operation-edit';
    var text1 = '.todos li:nth-child(1) label';

    browser.init();
    browser.waitForElementPresent(editButton1);
    browser.click(editButton1);
    browser.expect.element(text1).attribute('contenteditable').equals('true');

    browser.click(text1); // contenteditable=true の要素にキーを送るには
    // Ctrl+A Deleteキーで入力内容全削除
    browser.keys([browser.Keys.CONTROL, 'a', browser.Keys.NULL, browser.Keys.DELETE]);
    browser.keys('\n'); // browser.Keys.ENTER でも可

    browser.expect.element(text1).attribute('contenteditable').equals('true');

    browser.init(); // ページの再読み込み
    browser.waitForElementPresent(text1);
    browser.expect.element(text1).text.contains('予定1'); // 永続化されてはならない
    browser.end();
},

'編集ボタンを押すと、入力が可能になるが、Escキーを押したら変更が破棄される': function(browser) {
    var editButton1 = '.todos li:nth-child(1) .todo-operation-edit';
    var text1 = '.todos li:nth-child(1) label';
```

（次ページに続く）

（前ページの続き）

```
    browser.init();
    browser.waitForElementPresent(editButton1);
    browser.click(editButton1);
    browser.expect.element(text1).attribute('contenteditable').
equals('true');

    browser.click(text1); // contenteditable=true の要素にキーを送るには
    browser.keys([browser.Keys.CONTROL, 'a', browser.Keys.NULL, browser.
Keys.DELETE]);
    browser.keys('変更');
    browser.keys(browser.Keys.ESCAPE);

    browser.expect.element(text1).not.attribute('contenteditable');
    browser.expect.element(text1).text.contains('予定1'); // 元に戻る

    browser.init(); // ページの再読み込み
    browser.waitForElementPresent(text1);
    browser.expect.element(text1).text.contains('予定1'); // 永続化されて
もならない
    browser.end();
  }
};
```

実行結果は以下のようになります。

```
[Update Todo] Test Suite
======================
Running:    チェックボタンを切り替えると、完了状態が永続化される

  （途中省略）

OK. 6 assertions passed. (2.531s)

Running:    編集ボタンを押すと、入力が可能になり、[Enter]キーを押すと永続化され
る

  （途中省略）

OK. 4 assertions passed. (2.608s)

Running:    編集ボタンを押すと、入力が可能になるが、空の状態で[Enter]キーを押
しても無視される
Fixture: test/selenium/fixtures/todo/default.json -> data/todo.json ...
SUCESS
6 Oct 16:24:31 - [JsonDB] DataBase /home/guest/15js/13hr/server/todo.
js/data/todo.json loaded.
  ✔ Expected element <.todos li:nth-child(1) label> to have attribute
"contenteditable" equal: "true"
6 Oct 16:24:31 - [JsonDB] DataBase /home/guest/15js/13hr/server/todo.
js/data/todo.json loaded.
  ✘ Expected element <.todos li:nth-child(1) label> to have attribute
"contenteditable" equal: "true" - attribute was not found
      at Object.module.exports.編集ボタンを押すと、入力が可能になるが、空の
状態で[Enter]キーを押しても無視される (/home/guest/15js/13hr/server/todo.
js/test/selenium/spec/update-todo.js:62:18)
```

（次ページに続く）

（前ページの続き）

```
       at Module.call (/home/guest/15js/13hr/server/todo.js/node_modules/
nightwatch/lib/runner/module.js:60:34)
       at /home/guest/15js/13hr/server/todo.js/node_modules/nightwatch/
lib/runner/testcase.js:96:29
       at _fulfilled (/home/guest/15js/13hr/server/todo.js/node_modules/
nightwatch/node_modules/q/q.js:834:54)
       at self.promiseDispatch.done (/home/guest/15js/13hr/server/todo.js/
node_modules/nightwatch/node_modules/q/q.js:863:30)
       at Promise.promise.promiseDispatch (/home/guest/15js/13hr/server/
todo.js/node_modules/nightwatch/node_modules/q/q.js:796:13)
       at /home/guest/15js/13hr/server/todo.js/node_modules/nightwatch/
node_modules/q/q.js:604:44
       at runSingle (/home/guest/15js/13hr/server/todo.js/node_modules/
nightwatch/node_modules/q/q.js:137:13)
       at flush (/home/guest/15js/13hr/server/todo.js/node_modules/
nightwatch/node_modules/q/q.js:125:13)
       at doNTCallback0 (node.js:407:9)

FAILED:  1 assertions failed and 1 passed (3.079s)

------------------------------------------------------
TEST FAILURE: 1 assertions failed, 15 passed (16.845s)
 ✖ update-todo
   - 編集ボタンを押すと、入力が可能になるが、空の状態で Enter キーを押しても
無視される
     Expected element <.todos li:nth-child(1) label> to have attribute
"contenteditable" equal: "true" - attribute was not found - Expected
"equal 'true'" but got: "undefined"
   SKIPPED:
   - 編集ボタンを押すと、入力が可能になるが、 Esc キーを押したら変更が破棄さ
れる
```

13時間目 クライアントサイドのデバッグとテスト（後編）

テストは失敗しました。失敗した内容をみると空の状態で Enter キーを押しても「無視されなかった」のが原因のようです。そこで、先ほどと同じように修正しましょう。main.jsのonTodosKeydown()がターゲットです（**リスト13.7**）。

リスト13.7 main.js（リスト13.6のテストケースへの対応）

```
case 13:
  var updatingTodo = todo.dom.todos.getTodo(event.target);
  if (updatingTodo.title === '') {
    event.preventDefault();
    break;
  }
  todo.data.todo.update(updatingTodo)
    .then(function(updatedTodo) {
      todo.dom.todos.refresh(event.target, updatedTodo);
      todo.dom.todos.setEditing(event.target, false);
    })
    .catch(function(error) {
      alert(error);
    });
  break;
```

先ほどと違って、「event.preventDefault();」も書く必要があります。この行を入れないと、データの永続化はされませんが、編集内容がブラウザ上で確定してしまいます（ブラウザのデフォルトの挙動が実行されます）。

Column テストケースを考えてみよう

　この時間は、一通りの場合でSeleniumテストのコードが書けることを目指したため、**12時間目**で学習した、アプリケーションの品質を高める観点ではテストケースを作成していません。実際のアプリケーションとして提供できる水準を考えると、今回作成したテストケースの数はまだまだ不十分です。

　では、Tiny Todo ListではどのようなSeleniumテストを用意すれば良いでしょうか。「何をテストしなければならないか」「それぞれのテスト対象に対してテストケースは何か」の2つの観点から考えてみると良いでしょう。

確認テスト

Q1 新しくdelete-todo.jsを作成して、以下のテストを用意してください。

① 削除ボタンを押し、続いて [OK] を押すと、Todo が削除される

② 削除ボタンを押し、続いて [Cancel] を押すと、Todo が削除される

ヒント

- 確認ダイアログの [OK] を押すには、browser.acceptAlert();とします。
- 確認ダイアログの [Cancel] を押すには、browser.dismissAlert();とします。

それ以外は、ここまでで登場した方法でテストが書けます。

14時間目 jQueryとJavaScript MVC

この時間は、JavaScriptライブラリとしてもっとも有名なjQueryの使い方を学びます。ここでは、11時間目までで作成したプログラムをjQueryに置き換えます。また、近年のクライアントサイドJavaScriptのトレンドとして、プログラムを分割して開発するためのいくつかのフレームワークについても触れます。

今回のゴール

- プログラムを様々なブラウザで動作させるための問題点を知る
- jQueryというライブラリの使い方を学び、プログラムを書き直す
- 大規模アプリケーション開発のためのフレームワークの基本的な考え方を学ぶ

》 14-1 クロスブラウザ対応問題

　　JavaScriptは、もともとブラウザごとに独自拡張が施されてきたという歴史があり、APIの仕様がブラウザごとで違っていることがあります。本書で取り扱ってきたJavaScript（ECMAScript）は、最近のブラウザでは問題なく動作します。しかし、古いブラウザでは、最近のJavaScriptのAPIに準拠しておらず、Webアプリケーションが動作しない可能性があります。インターネットの向こう側でWebアプリケーションを動かしているブラウザのバージョンをコントロールすることはできません。

　　ブラウザ互換性の問題は、Webアプリケーションの見た目や動作を決めるDOM APIにおいて顕著です。例えば、HTML要素の中の文字列を指定するために、.textContentプロパティを用いました。

　　.textContentはMicrosoft Internet Explorer 8（IE 8）以前のブラウザではサポート

されません。しかし、執筆時点（2016年9月）において、IE 8は依然として0.5%程度のシェアを持っています。こうした古いブラウザに対してもサポートを続けるのであれば、代わりに、.innerTextプロパティを用いることになります[注1]。

古いブラウザにおいてもWebアプリケーションが動作するようにするためには、基本的にはブラウザの種別を判定して、処理を分岐させる必要があります（クロスブラウザ対応）。しかし、そうしたブラウザ固有の分岐処理は多岐にわたるので、もれなく実施するのは困難です。また、分岐処理が増えることでプログラムの保守性が悪くなってしまいます。

一般的には、JavaScriptのクロスブラウザ問題は、専用のライブラリやフレームワークにまかせてしまいます。

この時間では、主要なJavaScriptライブラリ、フレームワークの簡単な紹介をします。

14-2 jQuery

14-2-1 ● jQueryとは

jQueryは、クロスブラウザに対応したアプリケーションを容易に記述するために開発されたライブラリです。**$(jQuery)** という特徴的な関数を起点に、DOMやネットワークアクセスを行います。

14-2-2 ● jQueryでアプリケーションを書きなおしてみよう

jQueryを利用するには、HTMLからjQueryライブラリを読み込むように変更します。この時点では、本書執筆時点の最新版（v2.2.4）を利用します。

public/todolist.html および views/todolist.ejs の<footer>要素の直後に**リスト14.1**の1行を追加します。

注1） 両者にいくつかの挙動の違いがあります。また、.innerTextプロパティは「非標準」であるため、いくつかのブラウザではサポートされていません。

14時間目 jQueryとJavaScript MVC

リスト14.1 HTMLからjQueryを読み込む（インターネットからダウンロード）

```
<script type="text/javascript" src="http://ajax.googleapis.com/ajax/libs/jquery/2.2.4/jquery.min.js"></script>
```

ここでは、インターネット上からダウンロードする方式を用いていますが、本書の仮想環境にもコピーが用意されています。ネットワークにアクセスできない環境で学習する場合は、代わりに**リスト14.2**の1行を追加します。

リスト14.2 HTMLからjQueryを読み込む（仮想環境のコピーを利用）

```
<script type="text/javascript" src="js/lib/jquery.min.js"></script>
```

14-2-3 ● $関数とDOM操作

jQueryでは、（ブラウザごとで実装が異なる可能性のある）DOMオブジェクトそのものではなく、DOMオブジェクトをカプセル化したjQueryオブジェクトに対して操作を行います。基本的には、DOMオブジェクト（ソースコード中では{Element}型となっていた部分）を、jQueryオブジェクト（{jQuery}型）に置き換えていきます。

```
・DOM (Native JavaScript)
  /** @type {Element} */
  var li = document.querySelector('#my-li');
  li.textContent = '文字列';

・jQuery
  /** @type {jQuery} */
  var li = $('#my-li');
  li.text('文字列');
```

jQueryの最大の機能は**$ () (jQuery ())** 関数本体です。document.querySelectorAll()やdocument.querySelector()に対応します[注2]。

まずはpublic/js/dom/new-todo.jsをjQueryベースで書きなおしてみましょう。

◆Todoタイトルを表す<input>要素をjQueryオブジェクトに置き換える

Todoタイトルを表す<input>要素をjQueryオブジェクトに置き換えます（**リスト14.3**、**リスト14.4**）。具体的にはdocument.querySelector()を$()に書き直します。_.elementには<input>要素の代わりに、<input>要素をラップするjQueryオブジェクト（以下便宜的に<input>jQueryオブジェクトと呼ぶことにします）が格納されるようになります。

リスト14.3 DOM要素を取得する (Before)

```
_.element = document.querySelector('.todo-title');
```

リスト14.4 jQueryオブジェクトを取得する (After)

```
_.element = $('.todo-title');
```

◆.clear()をjQueryオブジェクトへの操作に書き直す

次に、.clear()メソッドを修正し、<input>要素のvalue属性を空にする部分を、対応するjQueryオブジェクトの操作に置き換えます（**リスト14.5**、**リスト14.6**）。

リスト14.5 <input>要素の入力内容を空にする (Before)

```
_.clear = function() {
  _.element.value = '';
};
```

注2) jQueryオブジェクトは、対象の要素が1個であるか、複数であるかを区別しません。

14時間目 jQueryとJavaScript MVC

リスト14.6 jQueryオブジェクトの.val()メソッドでvalue属性を設定する（After）

```
_.clear = function() {
  _.element.val('');
};
```

<input>要素のvalueプロパティには、jQueryオブジェクトの.val()メソッド経由でアクセスします。.val()メソッドに文字列引数を渡すとvalueプロパティへの代入が行われます。

◆.getTodo()をjQueryオブジェクトへの操作に書き直す

続けてTodoの<input>要素からTodoオブジェクトを組み立てる.getTodo()をjQueryに置き換えます（**リスト14.7**、**リスト14.8**）。

リスト14.7 <input>要素からTodoを組み立てる（Before）

```
_.getTodo = function() {
  return {
    title: _.element.value,
    done: false
  };
};
```

リスト14.8 jQueryオブジェクトの.val()メソッドからvalueを取得し、Todoを組み立てる（After）

```
_.getTodo = function() {
  return {
    title: _.element.val(),
    done: false
  };
};
```

文字列引数を渡さない.val()メソッドはvalueプロパティからの読み込みになります。

ここまでのtodolist.htmlの動作を確認しましょう。

ブラウザでtodolist.htmlを開いてください。「What should have be done?」に「今日の予定」と入力します（Enterキーは押しません）。続いて、コンソールを開き、以下を入力してEnterキーを押して実行します[注3]。

```
> todo.dom.newTodo.getTodo()
< Object {title: "今日の予定", done: false}
```

正しくTodoオブジェクトが作られていればOKです。

続いて、次のプログラムを実行します。

```
> todo.dom.newTodo.clear()
```

画面上の「今日の予定」がクリアされればここまでは成功です。

◆ Todoリストを表す<ul>要素をjQueryオブジェクトに置き換える

次はpublic/js/dom/todos.jsを編集します。

まずはTodoリストを表す<ul>要素をjQueryオブジェクトに置き換えます（**リスト14.9**、**リスト14.10**）。

リスト14.9 Todoリストを表す<ul>要素の取得 (Before)

```
_.element = document.querySelector('.todos');
```

リスト14.10 Todoリストを表す<ul>jQueryオブジェクトの取得 (After)

```
_.element = $('.todos');
```

注3） コンソールにはエラーが表示されています。また、Enterキーが動作しなくなっていますが、後に解消します。

14時間目 jQueryとJavaScript MVC

◆ .add()メソッドの置き換え

.add()関数では、新しいTodoを<ul>要素の子要素（<li>）として追加しました。これをjQueryに置き換えてみましょう。

新しいDOM要素（に対応するjQueryオブジェクト）を作る時にも、$()関数を利用します。document.createElement('LI')はjQueryでは$('<li />')と書きます。

子要素を追加する.appendChild()はjQueryオブジェクトの.append()メソッドに置き換わります。.append()メソッドは自分自身を返すので、<li>jQueryオブジェクトをよりHTMLの構造に近い格好で作れます。

最後に、<li>要素を_.elementに追加する部分は、一旦<li>jQueryオブジェクトを変数に受けて_.element.append(li)としても良いのですが、.appendTo()を使ってしまうと楽です。

全体として、.add()メソッドは**リスト14.11**から**リスト14.12**のように書き直します。

> **リスト14.11** Todo要素を組み立てて、リストに追加する（Before）

```
_.add = function(todo) {
  // <li> 要素を作る
  var li = document.createElement('LI');
  li.id = 'todo-' + todo.id;
  li.classList.add('todo');
  if (todo.done) {
    li.classList.add('todo-done');
  }

  var input = document.createElement('INPUT');
  input.id = 'todo-' + todo.id + '-checkbox';
  input.type = 'checkbox';
  input.checked = todo.done;
  var label = document.createElement('LABEL');
  label.htmlFor = input.id;
  label.textContent = todo.title;
```

（次ページに続く）

（前ページの続き）

```javascript
  var div = document.createElement('DIV');
  div.classList.add('todo-operation');
  var editButton = document.createElement('BUTTON');
  editButton.value = 'edit';
  editButton.classList.add('todo-operation-edit');
  editButton.textContent = '✎';
  var deleteButton = document.createElement('BUTTON');
  deleteButton.value = 'delete';
  deleteButton.classList.add('todo-operation-delete');
  deleteButton.textContent = '×';

  div.appendChild(editButton);
  div.appendChild(deleteButton);

  li.appendChild(input);
  li.appendChild(label);
  li.appendChild(div);

  // <ul class="todos">要素の子要素に追加
  _.element.appendChild(li);
};
```

リスト14.12 Todo jQueryオブジェクトを組み立てて、リストに追加する（Before）

```javascript
_.add = function(todo) {
  $('<li />', {
    id: 'todo-' + todo.id,
    'class': todo.done ? 'todo todo-done' : 'todo' // classやforは予約語なので、' で括る
  }).append(
    $('<input />', {
```

（次ページに続く）

（前ページの続き）

```javascript
      id: 'todo-' + todo.id + '-checkbox',
      type: 'checkbox',
      checked: todo.done
    })
  ).append(
    $('<label />', {
      'for': 'todo-' + todo.id + '-checkbox', // input.id は使えない
      text: todo.title
    })
  ).append(
    $('<div />', {
      'class': 'todo-operation'
    }).append(
      $('<button />', {
        value: 'edit',
        'class': 'todo-operation-edit',
        text: '✎'
      })
    ).append(
      $('<button />', {
        value: 'delete',
        'class': 'todo-operation-delete',
        text: '×'
      })
    )
  ).appendTo(_.element); // <ul class="todos">要素の子要素に追加
};
```

リスト14.12では、HTMLの木構造がソースコードからより容易に読み取れるようになりました。

◆findTodoElement()メソッドの置き換え

findTodoElement()は、各種イベントの発生時に、event.target（Element型）から、それを含む<li class="todo">要素を取得するメソッドです。返り値の型はもともとElement（DOM要素）でしたが、今回の修正に伴い、jQueryオブジェクトになります。

プログラムでは、まずElementをjQueryオブジェクトに変換します。$(element)のように$()関数にElementを渡します（**リスト14.13**、**リスト14.14**）。

リスト14.13 event.target（element）からTodo要素を取得する（Before）

```javascript
/**
 * @param {Element} element
 * @return {Element}
 */
function findTodoElement(element) {
  var e = element;
  while (!!e && !e.classList.contains('todo')) {
    e = e.parentNode;
  }
  return e;
}
```

リスト14.14 event.target（element）からTodo jQueryオブジェクトを取得する（After）

```javascript
/**
 * @param {Element} element
 * @return {jQuery}
 */
function findTodoElement(element) {
  return $(element).closest('.todo');
}
```

リスト14.14を、e.parentNodeに対応する.parent()を使っても書けますが、先祖要素を順にたどっていくロジックは、jQueryの.closest()メソッドでサポートされているので、今回は.closest()を使います。

14時間目 jQueryとJavaScript MVC

◆ getTodo()メソッドの置き換え

続いて、event.target（element）から、Todoオブジェクトを組み立てるgetTodo()をjQueryに置き換えます。子孫要素の検索（getElementsByTagNameなど）は.find()メソッドを使います。

.textContentは.text()に置き換わります。

.idプロパティを始めとしたその他のプロパティの操作は、対応するHTML属性に対する.prop()メソッドを使います（例：.prop('id') → "todo-1"、.prop('checked') → true）。

全体として、**リスト14.15**を**リスト14.16**のように書き換えます。

リスト14.15 event.target（element）から、DOM要素を経由してTodoオブジェクトを組み立てる（Before）

```
/**
 * @param {Element} element
 * @return {Todo}
 */
_.getTodo = function(element) {
var itemElement = findTodoElement(element);
  return {
    id: Number(/^todo-([0-9]+)$/.exec(itemElement.id)[1]),
    title: itemElement.getElementsByTagName('LABEL')[0].textContent,
    done: itemElement.getElementsByTagName('INPUT')[0].checked
  };
};
```

リスト14.16 event.target（element）から、jQueryオブジェクトを経由してTodoオブジェクトを組み立てる（After）

```
/**
 * @param {Element} element
 * @return {Todo}
 */
```

（次ページに続く）

（前ページの続き）

```
_.getTodo = function(element) {
  var itemElement = findTodoElement(element);
  return {
    id: Number(/^todo-([0-9]+)$/.exec(itemElement.prop('id'))[1]),
    title: itemElement.find('label').text(),
    done: itemElement.find('input').prop('checked')
  };
};
```

◆ **isEditing()メソッドの置き換え**

　Todoリスト中のTodoが編集中かどうかを判定するisEditing()の置き換えは、ここまでに解説した方法でできます。contentEditableプロパティはjQueryオブジェクトの.prop()メソッドを通じて操作します（**リスト14.17**、**リスト14.18**）。

リスト14.17 Todoの編集状態をDOM要素から判定する（Before）

```
/**
 * @param {Element} element
 * @return {boolean}
 */
_.isEditing = function(element) {
  var todoElement = findTodoElement(element);
  return todoElement.getElementsByTagName('LABEL')[0].contentEditable === 'true';
};
```

14時間目 jQueryとJavaScript MVC

リスト14.18 Todoの編集状態をjQueryオブジェクトから判定する（After）

```
/**
 * @param {Element} element
 * @return {boolean}
 */
_.isEditing = function(element) {
  var todoElement = findTodoElement(element);
  return todoElement.find('label').prop('contentEditable') === 'true';
};
```

◆setEditing()メソッドの置き換え

　Todoが編集できるかどうかを設定するsetEditing()も置き換えます（**リスト14.19**、**リスト14.20**）。このとき、編集前のTodoの内容を保存するdata-backup属性の取り扱いには注意が必要です。

　contentEditableを編集する場合など、ブラウザでのデフォルト挙動を引き起こすようなHTML要素の属性値は、**.prop()** メソッドを使って取得・変更します。

　.prop()メソッドは、JavaScriptから取り扱うのに都合の良い値（必要に応じて計算処理された値）で取り扱います。

　一方、'data-backup'のようにHTML要素の属性値として書き込まれた文字列そのものを取り扱う場合は、.prop()を使って設定するのではなく、**.attr()** メソッドを使います。

リスト14.19 Todoの編集状態をDOM APIを使って設定する（Before）

```
/**
 * @param {Element} element
 * @param {boolean} editing
 */
_.setEditing = function(element, editing) {
  var todoElement = findTodoElement(element);
  var editorElement = todoElement.getElementsByTagName('LABEL')[0];
  editorElement.contentEditable = editing ? 'true' : 'inherit';
```

（次ページに続く）

（前ページの続き）

```
  if (editing) {
    editorElement.setAttribute('data-backup', editorElement.textContent);
  }
};
```

リスト14.20 Todoの編集状態をjQueryを使って設定する（After）

```
/**
 * @param {Element} element
 * @param {boolean} editing
 */
_.setEditing = function(element, editing) {
  var todoElement = findTodoElement(element);
  var editorElement = todoElement.find('label');
  editorElement.prop('contentEditable', editing ? 'true' : 'inherit');
  if (editing) {
    editorElement.attr('data-backup', editorElement.text());
  }
};
```

　なお、data-backupのようなdata-から始まる名称の属性を操作する方法として、.data()メソッドを使う方法があります。

　.data()メソッドを使う場合は、**リスト14.20**の.attr()メソッドと違い、.data('backup')のようにdata-の部分を省略します。

　.attr()と.data()とは属性名の指定方法のほかにわずかに挙動が異なるのですが、ここではDOM要素のget／setAttribute()と等価な.attr()メソッドを使うことにします。

◆ **getBackup()メソッドのjQueryへの置き換え**

　Todoの編集をキャンセルした時には、編集前のTodoのバックアップをTodo要素に書き戻す必要があります。getBackup()メソッドの内容は、これまでに解説した方法でjQueryに置き換えられます（**リスト14.21**、**リスト14.22**）。

リスト14.21 編集前のTodoのバックアップをDOM APIを使って書き戻す(Before)

```
/**
 * @param {Element} element
 */
_.getBackup = function(element, todo) {
  var todoElement = findTodoElement(element);
  var todoId = Number(/^todo-([0-9]+)$/.exec(todoElement.id)[1]);
  return {
    id: todoId,
    title: todoElement.querySelector('label').getAttribute('data-backup'),
    done: todoElement.querySelector('input').checked
  };
};
```

リスト14.22 編集前のTodoのバックアップをjQueryを使って書き戻す(After)

```
/**
 * @param {jQuery} element
 */
_.getBackup = function(element, todo) {
  var todoElement = findTodoElement(element);
  var todoId = Number(/^todo-([0-9]+)$/.exec(todoElement.prop('id')));
  return {
    id: todoId,
    title: todoElement.find('label').attr('data-backup'),
    done: todoElement.find('input').prop('checked')
  };
};
```

◆ **focusToEditor()メソッドの置き換え**

次に、Todo編集開始時にエディタの部分にフォーカスを移すforcusToEditor()の処理をjQueryに置き換えます。

jQueryオブジェクトにも、DOM APIと同名の.focus()メソッドが用意されています（**リスト14.23**、**リスト14.24**）。

リスト14.23 エディタの部分にDOM APIを使ってフォーカスを移す処理（Before）

```javascript
/**
 * @param {Element} element
 */
_.focusToEditor = function(element) {
    var todoElement = findTodoElement(element);
    todoElement.getElementsByTagName('LABEL')[0].focus();
};
```

リスト14.24 エディタの部分にjQueryを使ってフォーカスを移す処理（After）

```javascript
/**
 * @param {Element} element
 */
_.focusToEditor = function(element) {
  var todoElement = findTodoElement(element);
  todoElement.find('label').focus();
};
```

◆ refresh()メソッドの置き換え

さらに、refresh()メソッドもjQueryに置き換えます。このメソッドでは、todo.doneの値に応じてtodo-doneクラスの追加と削除を行います。

boolean値に応じてclass属性の追加・削除を行う場合、jQueryの**.toggleClass()**を使うと便利です（**リスト14.25**、**リスト14.26**）。

リスト14.25 Todoオブジェクトの内容でTodo要素を更新するDOM APIを使った処理（Before）

```
/**
 * @param {Element} element
 * @param {Todo} todo
 */
_.refresh = function(element, todo) {
  var todoElement = findTodoElement(element);
  todoElement.id = 'todo-' + todo.id;
  if (todo.done) {
    todoElement.classList.add('todo-done');
  } else {
    todoElement.classList.remove('todo-done');
  }
  todoElement.getElementsByTagName('LABEL')[0].textContent = todo.title;
  todoElement.getElementsByTagName('INPUT')[0].checked = todo.done;
};
```

リスト14.26 Todoオブジェクトの内容でTodo要素を更新するjQueryを使った処理（After）

```
/**
 * @param {Element} element
 * @param {Todo} todo
 */
_.refresh = function(element, todo) {
  var todoElement = findTodoElement(element);
  todoElement.prop('id', 'todo-' + todo.id);
  todoElement.toggleClass('todo-done', todo.done);
  todoElement.find('label').text(todo.title);
  todoElement.find('input').prop('checked', todo.done);
};
```

◆remove()メソッドの置き換え

　DOM操作を行う最後のメソッドは、Todoを削除するremove()メソッドです。jQueryオブジェクトにも、DOM APIと同名の.remove()メソッドが用意されています。そのため、実質的なコード変更はありません（**リスト14.27**）。

リスト14.27　remove()メソッドはDOM API版とjQuery版とでコード変更はない

```
/**
 * @param {Element} element
 */
_.remove = function(element) {
  var todoElement = findTodoElement(element);
  todoElement.remove();
};
```

　実質的なコード変更はありませんが、todoElement変数は、Element（DOM要素）からjQueryオブジェクトに置き換わっています。

　以上でDOM操作に関するコードはすべてjQueryに置き換わりました。

14-2-4 ● イベントハンドラの登録をjQueryに置き換える

　ここまで、DOM操作のコードはすべてjQueryに置き換えましたが、todolist.htmlを開いても、Tiny Todo Listはまだ動作しません。それは、todo.dom.newTodo.elementやtodo.dom.todos.elementがDOM要素からjQueryオブジェクトに置き換えたせいで、public/js/main.jsでイベントハンドラを登録する.addEventListener()メソッドが使えなくなったからです。

　そこで、public/js/main.jsを書き換えて、Tiny Todo Listが再び動作するようにします。

　todo.dom.newTodo.elementおよびtodo.dom.todos.elementは、Element型からjQueryオブジェクト型に変更になりました。それに合わせて、Elementオブジェクトの.addEventListener()メソッドは、jQueryオブジェクトの.on()に変える必要があります（**リスト14.28**、**リスト14.29**）。

リスト14.28 addEventListener()を使ってイベントハンドラを登録する（Before）

```
todo.dom.newTodo.element.addEventListener('keydown', onNewTodoKeydown);
todo.dom.todos.element.addEventListener('change', onTodosChange);
todo.dom.todos.element.addEventListener('click', onTodosClick);
todo.dom.todos.element.addEventListener('keydown', onTodosKeydown);
```

リスト14.29 on()を使ってイベントハンドラを登録する（After）

```
todo.dom.newTodo.element.on('keydown', onNewTodoKeydown);
todo.dom.todos.element.on('change', onTodosChange);
todo.dom.todos.element.on('click', onTodosClick);
todo.dom.todos.element.on('keydown', onTodosKeydown);
```

DOMContentLoadedイベントについては、$(document).ready()を使います（**リスト14.30**、**リスト14.31**）。

リスト14.30 初期化処理をDOMContentLoadedイベントを使って登録（Before）

```
document.addEventListener('DOMContentLoaded', loadInitialTodos);
```

リスト14.31 初期化処理を$(document).ready()を使って登録（After）

```
$(document).ready(loadInitialTodos);
```

この時点でTodo Listは動作するようになります。

◆ onTodosClick()の置き換え

　Todoの編集や削除ボタン、チェックボックスのクリックイベントはTodoの<ul>要素に対するclickイベントとしてまとめて1つのハンドラで登録しています。このうち、どのボタンやチェックボックスがクリックされているのか、あるいはそれ以外の無視する部分がクリックされているのかを判断する処理onTodoClick()（main.js）やそこから呼び出されるisEditButton()、isDeleteButton()（dom/todos.js）では、DOM APIが使われています。

これもjQueryで置きかえてみましょう。

要素名の判定は.prop ('tagName') で、クラス名が含まれているかどうかの判定は.hasClass () で行います（**リスト14.32**、**リスト14.33**）。

リスト14.32 onTodosClick() (After)

```javascript
function onTodosClick(event) {
  var target = $(event.target);
  if (todo.dom.todos.isEditing(target)) {
    event.preventDefault();
  } else if (todo.dom.todos.isDeleteButton(target)) {
    onDeleteButtonClick(event);
  } else if (todo.dom.todos.isEditButton(target)) {
    onEditButtonClick(event);
  }
}
```

リスト14.33 isEditButton() / isDeleteButton() (After)

```javascript
_.isDeleteButton = function(target) {
  return target.hasClass('todo-operation-delete');
};

（途中省略）

_.isEditButton = function(target) {
  return target.hasClass('todo-operation-edit');
};
```

別案として、.is () を利用し、CSSセレクタでマッチするかどうかを判定もできます（**リスト14.34**）。

リスト14.34 リスト14.33の別案〜.prop('tagName')の代わりに.is()を使う

```
_.isDeleteButton = function(target) {
  return target.is('.todo-operation-delete');
};

  （途中省略）

_.isEditButton = function(target) {
  return target.is('.todo-operation-edit');
};
```

14-3 大規模アプリケーション開発とプログラムの分割

一般的な業務アプリケーションにおいては、一つの画面にさまざまな情報が表示され、ユーザの操作に応じて画面がダイナミックに変化していきます。

14-3-1 ●HTTP操作とDOM操作のビジネスロジックからの分離

中規模以上のアプリケーションにおいては、少なくとも「画面を操作する」責任を、他から分離することが行われます。11時間目に学習したように、画面操作、すなわちDOM操作は、HTMLの構造に強く依存します。Webアプリケーションの顔であるところの「デザイン」は、頻繁に変更されることが想定されます。画面デザインの変更がCSSの変更のみにとどまらず、HTMLの変更をともなう場合、画面操作ロジックの変更が必要になります。

Tiny Todo Listの場合は、ひとつひとつのTodo項目は、複雑な構造を持った<li>要素により実現されています。画面デザインが異なれば、<li>要素の構造が変わるかもしれません。あるいはそもそも<li>要素以外の要素で実現されるかもしれません。

<li>要素の組み立てや追加といったDOM操作がプログラムのあちこちに散在していると、画面デザインの変更に伴い、プログラムの多くが変更対象となってしまい、制御できなくなってしまいます。

そのため、「<li>要素を追加する」のようなDOM操作ロジックは、外部からは「新規Todoを画面に追加する」のような、ビジネスロジック上の意味を持った操作としてアクセスされるようにしなければなりません。つまり、DOM操作ロジックは分離される必要があります。

本書のようにDOM操作ロジックをtodo.dom名前空間に分離することで、画面デザインの変更に対して強い設計にできます。しかし、アプリケーション開発が大規模化するにつれ、DOM操作ロジックの量が増えてゆき、やはりどこかで制御できなくなってしまう可能性があります。

ここでは、大規模アプリケーションを開発するための方法論と、それを実現するためのライブラリやフレームワークの簡単な手法を紹介します。

14-3-2●コンポーネント指向の大規模化

最初に紹介するのが、「コンポーネント指向」のWebライブラリ・フレームワークです。

例えば、HTMLの<button>要素について考えてみましょう。<button>要素は標準では、以下の機能を備えたUIコンポーネントになっています。

- 四角いボタンが表示される
- その中に（文字列子要素として）指定したテキストが表示される
- クリックするとclickイベントが発生する

この考え方を拡張してみます。

Tiny Todo Listでは、Todo項目のひとつひとつは<li>要素で実現されています。この要素は、

- Todoのタイトルが表示される
- Todoの完了／未完了を切り替えられるチェックボックスが表示される
- Todo編集ボタンがあり、クリックするとタイトルの編集ができる
- Todo削除ボタンがあり、クリックするとTodo項目の削除ができる

といった機能を持つように設計されています。また、

- Todoの完了／未完了を切り替えた際にdone-changeイベントが発生する
- Todoの編集が終わった時にtitle-changeイベントが発生する
- Todoの削除時にremoveイベントが発生する

のようなイベントを発生させるようになったならば、<li>要素は<todo>のような新しい要素（コンポーネント）であるとみなせます。

　このように、コンポーネントを組み合わせてコンポーネントを作っていくボトムアップ型の設計方針では、ひとつひとつのコンポーネントを独立してテストできるようになります。そのため、コンポーネントごとの品質を非常に高く保つことができ、コンポーネントの再利用性が高くなります。
　このようなアプローチは、汎用的なコンポーネントを組み合わせ、沢山の画面（アプリケーション）を効率よく開発する場合に特に有効になります。
　逆に、コンポーネントの全体構造が変更になるほどの大幅な画面デザインの変更に対しては弱い設計思想になっているとも言えます。

14-3-3 ● 代表的なコンポーネント指向のライブラリ・フレームワーク

◆Google Closure Library

　GoogleのWebアプリケーション開発基盤にも採用されているライブラリです。
　コンポーネントをgoog.ui.ComponentクラスというJavaScriptクラスに抽象化し、さまざまなコンポーネントをボトムアップ型に階層化して整理できるようになっています。Google Closure Libraryでは高品質なUIコンポーネントが豊富に提供されています。いわゆるWebアプリケーションにおいて一般的に利用されるUIコンポーネント・ウィジェットはおおよそ用意されています。
　また特筆すべきは、Closure Compilerによって、コードの最適化ができることです。デッドコード（利用されていないコード）の削除、変数名などの短縮、JsDocベースでの型チェックなど、JavaScriptの品質担保と実行速度を高いレベルでサポートします。
　一方で、日本語のドキュメントが少なく、豊富ではあるものの英語の公式ドキュメントを読まなければならないという問題と、全体的に冗長な記法を強いられてしまうという弱点を抱えています。

◆ **Web Components**

　Web Componentsは、HTML要素そのものを拡張する（実際に<todo>のようなHTML要素を作る）ためのブラウザ拡張機能です。

　Custom Elements、Shadow DOM、Templates、HTML Importsという4つの機能にわけられ、現在それぞれがW3Cによって標準化されつつあります。

　Webアプリケーションの文脈におけるコンポーネントにまでDOM APIで抽象化できるようになるため、「DOM APIの直接操作が画面の変更に弱い」という問題は抜本的に解決されます。DOM APIのみで高度なWebアプリケーションの「画面操作ロジック」が制御できるようになります。

　一方で、ブラウザのサポートは追いついていないので、Polyfillライブラリが必須であることと、日本語でのドキュメントがほとんど無い問題は残っています。

14-3-4 ● JavaScript MVC

　コンポーネント指向のフレームワークが、画面に表示されるUIの構造化を切り口にしているのに対して、画面に表示させるデータを中心に設計を行うのがJavaScript MVCです。

　JavaScript MVCでは、まずWebページの表示内容を決定するためのデータ（Model; M）を定義します。Tiny Todo Listでは、Todoのリストや、新規Todoなどが相当します。

　Modelの状態が決まれば、Webページとして表示されるHTMLの内容は一意に決まります。Modelが保持するそれぞれの値（例えば「2番目のTodoのタイトル」など）をHTMLに流し込むのがView(V)の役割になります。

　最後に、画面操作が行われた場合に、画面操作にあわせてModelの内容を書き換えたり、逆にModelの内容が書き換わった場合にViewに反映を指示するのがController(C)の役割になります[注4]。

　Viewの変更は、**11時間目**と同様にイベントの発火の形でControllerに伝えられます。

　Modelの変更も、Observerというデザインパターンによって、イベント発火の形で同じくControllerに伝えられます。つまり、Controllerは、イベントハンドリング

注4) これはMVCモデルの一つのケースであり、責任範囲が異なるモデルを採用したJavaScript MVCも存在します。サーバサイドで言うところのModel-View-Controllerのような明確な線引きが難しい（あるいは適切であるとは言えない）ため、MVCではなくMV*などの名称で呼ばれることがあります。

を行う電話交換器のような役割を担っています。

HTMLの生成部分については、多くのMVCフレームワークにおいて、「テンプレートエンジン」を利用するようになっています。

テンプレートエンジンとは、文字列に特定の記法で埋め込まれた部分に、変数などの値を流し込むプログラムです。例えば、テンプレートエンジンとして有名なMustache.jsを例にとってみます（**リスト14.35**）。

リスト14.35 Mustache.jsのサンプル

```
var template = 'Hello, {{name}}!';
var html = Mustache.to_html(
  template,
  { name: 'Taro Yamada' }
); // -> 'Hello, Taro Yamada'
```

こうしたテンプレートエンジンは、HTMLの生成をサポートしているので、HTML文字列のエスケープ（例えば < → < など）は自動的に行われます。

14-3-5 ● 代表的なJavaScript MVCフレームワーク

◆ AngularJS

AngularJSは、フロントエンド開発を強力にサポートする様々な機能を搭載した、フルスタックフレームワークです。

ViewはAngularJS固有の記法によってHTMLに埋め込めるようになっているのが大きな特徴です。この特徴は、大きく2つのメリットをもたらします。

第一に、ModelとViewの開発を完全に分離できることが挙げられます。画面全体を1つのHTMLとして開発できるため、画面のデザインの変更に極めて強い設計になっています。

第二に、ModelおよびViewはデータバインディングという機構により自動的に同期されることが挙げられます。いわゆるControllerに相当する部分は、AngularJSの内部に完全に隠蔽され、JavaScriptの記述量を大幅に減らすことができます。

近年一番人気のフレームワークになっています。

◆ **Backbone.js**

　AngularJSとは対照的に、Backbone.jsは軽量なフレームワークで、Underscore.jsと組み合わせて利用します。

　MVCの「背骨」に当たる部分に特化して作られているため、それ以外の部分については、他のライブラリを組み合わせて利用することがしばしば行われます。

　一般的なMVCフレームワークとは異なり、ViewがModelの変更に追従するだけでなく、ViewがModelを操作するというモデルを採用しています。Backbone.jsは、Modelの変更をWeb APIと対応させることで、サーバ側とデータを同期させるRouterという機能が備わっています。

　フレームワーク自体がシンプルな分、ViewやRouter周りの制御ロジックを丁寧に記述しなければならないなど、JavaScriptコード量を減らして(短期的な)生産性を上げることは苦手です。

14-3-6 ● 仮想DOMベースのViewライブラリ

　近年注目を集めている仕組みに仮想DOMというものが挙げられます。

　本来、画面に表示させるデータ(JavaScript MVCのModel)が確定した場合、対応するHTMLは一意に決定できます。従って、HTML(あるいはDOMのルート要素)は、データを引数に取った関数で出力できるはずです。しかし、**11時間目**で私たちが作成したプログラム、あるいはコンポーネント指向フレームワーク、多くのJavaScript MVCでは、HTML(DOM)のうち変更が生じる部分を限定して変更を施すような設計になっています。

　ブラウザは、DOMの大きな変更が施されると、各要素の画面上の位置を再計算します(これをリフローといいます)。

　これは非常に重たい処理で、頻繁に発生させるとWebアプリケーションのレスポンスを低下させます。DOMのルート要素を差し替えると、ブラウザは、すべての要素の位置を再計算せざるを得ません。たとえ画面上のちょっとした変更、例えばチェックボックスの ON/OFF の切り替えのように、各要素の大きさや位置に一切の変更を与えないような変更であったとしても、ブラウザがそのことを知る術はないので、リフロー処理を行うしかありません。

　DOM APIを利用して、DOM 要素を限定的に操作する場合は、その操作に応じてリフロー処理が必要かどうかをブラウザが判定できます。

　リフロー処理が必要ない場合は、画面の表示内容の部分的な上書き(リペイントといいます)にとどまるので、Webアプリケーションのレスポンス低下を避けられます。

しかし、画面の変更点を自分の頭で考える（プログラムに落としこむ）のは、あまり得策なやり方ではありません。

仮想DOMは、この問題を解決するために考えだされました。

仮想DOMの考え方では、画面に表示するデータから、実際にブラウザが取り扱うDOMではなく、仮想的なDOMを生成します。

画面データの変更前後の仮想DOMは、ライブラリによって比較され、ブラウザの保持するDOMにおける差分が抽出されます。DOM APIの操作はライブラリによって自動的に行われるため、データモデルから仮想DOMを生成するプログラムを記述すればよくなります。

仮想DOMは、DOMと同様に木構造になっているため、再利用性の高いコンポーネントとして分割開発することに非常に適しています。

一方で、コンポーネント指向のフレームワークにあるような、コンポーネントの状態管理が必要なく、データ（Model）から画面（View）を生成できます。仮想DOMは、ある意味ではコンポーネント指向、JavaScript MVCの良い所を取った一つの形態と言えるでしょう。

14-3-7 ● 代表的な仮想DOMライブラリ

◆ React.js

React.jsは仮想DOMベースのライブラリの草分け的存在です。標準では、仮想DOMの生成は純粋なJavaScriptで記述するほか、JSXというテンプレートエンジンを利用できます。

React.jsはMVCのViewに相当するライブラリです。React.jsの構成要素ではありませんが、開発元であるFacebookはReact.jsと組み合わせて利用する開発モデルとして、処理やデータの流れが常に一方向であることを特徴づける、Fluxというモデルを提唱しています。

Fluxでは、Viewは状態をもたずに、常にStore（MVCのModelに相当します）から一意に作られます。ユーザの操作（つまりViewの変更）はイベントを管理するActionに通知され、そこからDispatcher（MVCのCに相当します）を経由してStoreに反映されます。

Column コンポーネント指向 vs JavaScript MVC

　本書では、JavaScriptによるクライアントサイドの大規模開発の基本的な考え方を示すために、コンポーネント指向・JavaScript MVCというある種の対立構造のような紹介をしました。

　しかし、両者は矛盾する考え方ではなく、あくまで、発想の出発点が違っているに過ぎません。コンポーネント指向のフレームワークがModelを定義できないわけでもなく、JavaScript MVCがコンポーネントを作れないわけでもないのです。

　現時点では、クライアントサイド開発の汎用的なベストプラクティスは現在進行形で模索されています。仮想DOMベースのライブラリなども一つの答えとして生み出されましたが、仮想DOMの登場により、旧来のフレームワークが不要になるとも言えません。

　例えば、実行速度を重視するのならば、仮想DOMの比較などのオーバーヘッドがない分、コンポーネント指向のフレームワークや、軽量なJavaScript MVCで丁寧に差分をDOMに反映させる方が良いとも言えます。あるいは、JavaScript MVCのViewを仮想DOMライブラリに置き換えてもよいでしょう。

　歯切れの悪い言い方となりますが、現時点では、プロジェクトの性格に応じて、最適なフレームワークを慎重に選択することになるでしょう。

確認テスト

Q1 jQueryの.prop()と.attr()が一致しない例として、チェックボックスのchecked属性が挙げられます。.prop()、.attr()でそれぞれどのような値が返ってくるか、チェック時と非チェック時のそれぞれで調べてみましょう。

15時間目 Webアプリケーションのセキュリティ

この時間ではWebアプリケーションをプログラムするときに最低限注意しなければならないセキュリティについて学びます。セキュリティを考える上で覚えておかなければならない基本的な考え方について学習し、クライアントサイドJavaScriptに関係する2つの有名なセキュリティーホールの仕組みと対策について学習します。セキュリティ上の事故は、非常に大きな損害を伴うことがあります。決して甘く見ることなく、しっかりと学んでください。

今回のゴール

- Webアプリケーションのセキュリティに関する基本的な姿勢を学ぶ
- 有名な脆弱性であるXSS、CSRFの概要を知る
- これらの脆弱性をプログラムで防御する手法を学ぶ

15-1 Webアプリケーションのセキュリティを考える

　インターネットを通じ、わたしたちはさまざまなWebアプリケーションを利用しています。世界中のどこからでもアクセスできる、というWebアプリケーションの利点は、同時に、世界中のどこからアクセスされるかわからない、という弱点とも考えられます。わたしたちが開発するWebアプリケーションは、単純に便利なだけではいけません。世界中の誰によっても、たとえ悪意を持った人であったとしても、不正にアクセスされることのないように、安全でなければならないのです。

　本書では、執筆時点で最新のセキュリティに関する知識のうち、どのようなWebアプリケーションでも必ず考慮しなければならない最低限のレベルに絞って解説して

います。あなたが、あるいはあなたの会社が作ろうとしているアプリケーションにとって十分な内容を網羅しているわけでもありません。また、将来的に、本書で解説している内容が陳腐化して使い物にならないとも限りません。

そのため、Webアプリケーションの開発に際して、次の大原則を覚えておいてください。

- 設計前に最新情報を確認する
- 公開前に最新情報を確認する
- 定期的に最新情報を確認する

もしあなたがセキュリティ担当者になるのならば、このすべてを継続的に実施しなければなりません。あなたがアプリケーション開発にチームとして参加するのならば、最初の2つを実践しなければなりません。あなたのアプリケーションが開発を終えているにしても、せめて真ん中の1つは必ず実施しなければなりません。

15-2 クロスサイト・スクリプティング（XSS）

15-2-1 ◉ XSSとは

クロスサイト・スクリプティング（XSS） とは、攻撃対象のユーザのブラウザ上で、悪意あるJavaScriptコードを実行させる攻撃のことです。多くのWebアプリケーションでは、JavaScriptを使ってさまざまな機能を実現しています。ブラウザ上では普通、Webアプリケーションの提供する正式なJavaScriptのコードのみが実行されます。

XSSでは、悪意あるJavaScriptを何らかのWebページに埋め込むことで、不正なJavaScriptのコードを実行します。これにより、（ある程度の制限はありますが）Webアプリケーションで実現可能な多くの操作を、外部の攻撃者によって乗っ取って実行できるようになります。ほかにも、ユーザの秘密情報（例えば入力中のパスワードなども）をどこかのサーバに送信できたりもします。

Webアプリケーションは、ユーザによって入力された情報を画面に表示します。この中には、Webアプリケーションを利用しているユーザではなく、別のユーザが過去に入力し、保存した情報が表示されることもあります[注1]。

注1) 口コミサイトのレビューなどを考えてみてください。

15時間目 Webアプリケーションのセキュリティ

XSSではこうした、ユーザ入力情報としてJavaScriptコードを埋め込みます。一般的には、サーバサイドでHTMLを生成する際に、ユーザ入力情報をそのまま組み立ててしまうことによって起こります。

「Tiny Todo List」で新しいTodoを作る場合を例に、この問題を考えてみます。

まず「今日の予定」という文字列でTodoを作った場合、ブラウザが解釈するHTMLとして**リスト15.1**が生成されます。

リスト15.1 Todo追加時に作られる（仮想的な）HTML

```
<li class="todo" id="todo-1" class="todo-editing">
  <input id="todo-1-checkbox" type="checkbox">
  <label for="todo-1-checkbox" contenteditable="true">今日の予定</label>
  <div class="todo-operation">
    <button value="edit" class="todo-operation-edit">✎</button>
    <button value="delete" class="todo-operation-delete">×</button>
  </div>
</li>
```

「今日の予定」の部分が、ユーザ入力情報になります。

では、「`<span style="color: red;">HTML</span>`」というTodoを作成した場合を想定してみます。もし、ユーザ入力情報が、「文字列としてそのまま」HTMLになった場合は、**リスト15.2**のようなHTMLが生成されます。

リスト15.2 TodoタイトルがHTMLとしてそのままHTMLに解釈された例

```
<li class="todo" id="todo-1" class="todo-editing">
  <input id="todo-1-checkbox" type="checkbox">
  <label for="todo-1-checkbox" contenteditable="true"><span style="color: red;">HTML</span></label>
  <div class="todo-operation">
    <button value="edit" class="todo-operation-edit">✎</button>
    <button value="delete" class="todo-operation-delete">×</button>
  </div>
</li>
```

すると、ブラウザは「HTML」の部分をHTMLとして解釈して、「赤い文字でHTMLという文字列を表示する」と解釈してしまいます。

その結果、ブラウザには「HTML」という文字列ではなく、赤文字の「HTML」が表示されてしまうことになります。

ほとんどすべてのアプリケーションは、ユーザにHTMLを直接入力させることはありません。基本的にはユーザ入力値を「そのまま」画面に表示します[注2]。

つまり、「HTML」という入力に対しては、「HTML」という文字を表示します。

Tiny Todo Listは、すでにユーザ入力値を「そのまま」表示できるようになっています。<li>要素を生成するプログラムはdom/todos.jsで作成しました。なおここでは、Tiny Todo Listを**13時間目**の終わりまで巻き戻して考えます。[workspace]ディレクトリを別の場所にコピーしてから、[13hr/end]で上書きしてください。

肝は、**リスト15.3**の1行です。

リスト15.3 js/dom/todos.jsで画面にTodoを表示するためのロジック

```
label.textContent = todo.title;
```

todo.titleには、「HTML」といった文字列が「そのまま」格納されています[注3]。

<label>要素を格納するオブジェクト（label変数）の.textContentプロパティを経由して、文字列を画面に表示させています。

.textContentを用いると、（HTMLではなく、意味のない）文字列として設定できます。

逆に、「HTMLとして」解釈するようにプログラムを書き換えてみます。先ほどの1行を**リスト15.4**のように書き換えます。

リスト15.4 js/dom/todos.jsを脆弱に書き換える

```
label.innerHTML = todo.title;
```

注2) Markdown形式のサポートや顔文字（例：:-P）の画像への変換など、画面表示に先立って整形処理を行う場合もありますが、まずは「そのまま」表示できるようにならなければいけません。

注3) 確認するには、ブレークポイントを用いて、コンソール上に内容を表示させてみてください。

続いて、Tiny Todo Listを再起動してからブラウザでアクセスしてみましょう（図15.1）。

図15.1 入力内容が HTML として解釈されてしまう例

不正な文字が表示されました。画面の見た目が崩れる「だけ」ならば大した問題はありません。ですが、HTMLの要素には、<script>要素のように、プログラムを実行させるものがあります。

以下の内容のTodoを登録してみましょう（図15.2）。

```
<iframe src="data:text/html,<script>alert('XSS');</script>"></iframe>
```

図15.2 入力内容がプログラムとして実行されてしまう例

なんと、画面に「XSS」というダイアログが表示されてしまいました。このように、ユーザの入力をそのまま画面に表示させてしまうバグをクロスサイト・スクリプティング（XSS）脆弱性と言います。

攻撃者は、上記のようなデータを登録することで、攻撃対象者のブラウザ上で、任意のJavaScriptコードやHTTPリクエストを実行させられます。

JavaScriptによって実行可能なすべての操作が攻撃者によって可能となります。例えば、画面に表示されている個人情報を攻撃者に送信したり、攻撃者によって（本来はログインパスワードが必要な）画面操作を乗っ取られる（セッションハイジャックと言います）など、様々な悪用が可能となってしまいます。

15-2-2 ● XSSを引き起こしやすいプログラム

クライアントサイドJavaScriptの開発において、XSSの原因は「ユーザ入力情報をそのまま（HTMLの意味を持たせた状態で）表示」することに尽きます。

まず、次のメソッドは原則として利用してはいけません。より安全なメソッドが用意されています。

◆ element.innerHTML

しばしば、HTML要素の子要素に文字列を設定する際に用いられますが、element.textContentを使ってください。また、HTML要素が子要素に含まれる場合、element.textContentは使えません。例えば、Todoの<li>要素は子要素に<label>などを含んでいます。

本書では、DOM APIを使って丁寧にHTML要素を組み立てていますが、コードの記述量が多くなってしまう弱点があります。そのため、このようなプログラムを組む際にしばしばelement.innerHTMLが用いられます。ただし、これは不適切なコードです[注4]。

todos.jsのadd()関数のように、DOM APIを使って、丁寧にHTML要素を組み立ててください。唯一の例外として、HTML文字列が適切にエスケープされた「テン

注4) このような場合、<を < といった無害な文字に変換する「エスケープ」を行うべし、と言われます。しかし、そもそもエスケープを忘れてXSS脆弱性を発生させてしまうリスクを負う必要は全くありません。本書ではそもそもエスケープ処理は不要との立場から、これ以上の解説はしません。エスケープ処理を行うかどうかによらず、不適切と考えてください。

プレートエンジン」の出力結果を設定する場合に限っては利用しても構いません[注5]。

◆document.writeln ()

JavaScriptのフレームワークにおいて、<script>要素を動的に追加する場合などに使われます。そのような用途で使える設計となっているため、一般の開発者が使うべきものではありません。

◆eval ()

JavaScriptコードを文字列として渡して実行できる関数です。JSON文字列の解釈のために用いられることがありますが、任意のJavaScriptコードを実行できてしまうため、全面的に不適切です。

JSON文字列の解釈にはJSON.parse()を用います。

◆setTimeout () / setInterval ()

上記の関数は、使い方を間違えるとXSS脆弱性を発生させてしまう可能性があります。

```
setTimeout(function() {
    doSomething(); // 1000 ミリ秒後に実行される
}, 1000);
```

のように、一定時間後に特定の処理を実行するために利用されます。

非同期処理との相性もよくsetTimeout()は非常に有用な関数です。問題なのは、これらの関数がeval()関数のように、第1引数に「文字列」を渡してJavaScriptコードを実行できることです。脆弱性のもとにしかならないので、文字列を渡して実行する使い方をしてはいけません。

XSS脆弱性を防ぐための基本的な考え方は、「ユーザが任意に入力できる文字列は、悪意のあるものが含まれている可能性がある」ことを常に意識することです。

注5) 多くのテンプレートエンジンには「エスケープを行わないで出力する」方法が提供されています。テンプレートエンジンを使えば絶対安全とは言い切れません。実績のあるテンプレートエンジンの適切なバージョンを用い、利用前にはかならずマニュアルを熟読するようにしてください。

15-3 クロスサイト・リクエスト・フォージェリ（CSRF）

15-3-1 ◉ CSRFとは

　第三者のスクリプトによって、誰かになりすましたHTTPリクエストが非正規に発行されることを「**クロスサイト・リクエスト・フォージェリ（CSRF）**」と言います。

　まずは、CSRF脆弱性を体験してみましょう。最初に、**13時間目**でやったように、Tiny Todo Listサーバーを起動し、ブラウザで開きます。次に、[/home/guest/応用編・リスト/15hr/] に収録されているcsrf.htmlをダブルクリックしてブラウザで開いてみましょう。csrf.htmlはTiny Todo Listとは全く関係のない第三者のウェブサイトです。この後、Tiny Todo Listを再読み込みしてみてください。勝手に新しいTodoが追加されてしまいました。このようにCSRF脆弱性は、アプリケーションの意図しない操作が、無関係なWebサイトを閲覧するなどの引き金で行われることを指します。　過去には、あるソーシャルネットワークにおいて定型句の投稿が行われた事例（ぼくははまちちゃん騒動）や、インターネット掲示板に犯罪予告が書き込まれ、書き込みが行われたPCの持ち主が誤認逮捕された事例（横浜市小学校襲撃予告事件）があります。これらの事例では、CSRF脆弱性によって、ユーザの意図せぬ操作が行われていました[注6]。

　注意しなければならないのは、CSRF脆弱性は、（パスワード）ログイン機能が存在するかどうかとは無関係なことです。

　多くのWebアプリケーションでは、アプリケーションにおける一連の操作を「セッション」と呼ばれる仕組みで管理しています。セッションには、「セッションid」が割り振られます。ブラウザで操作している間は、「クッキー」という仕組みを用い、サーバ・クライアント間でセッションidがやりとりされます。Webアプリケーションにおいて、ログインを行うと、セッションidにログインユーザが紐付きます[注7]。

　ところが、セッションidを含むクッキーの内容は、Webブラウザによって「自動的に」送受信されます。csrf.htmlのような、悪意のあるWebページによって発行さ

注6） csrf.htmlで体験したように、多くの場合は、一見無害なWebサイトの裏で自動的に行われます。
注7） セキュリティ上、より正しくは「ログインユーザに紐付いた新しいセッションidが発行される」ことになります。

れたスクリプトであっても、Tiny Todo Listのような攻撃対象のWebサイトへのHTTPリクエストには、そのWebサイトに紐付いたセッションidが（もし存在した場合）ブラウザによって自動付与されてしまいます。

仮に攻撃対象のWebサイトでログイン機能が付いている場合、「ログインユーザによるリクエストとして」リクエストが不正に発行されてしまいます[注8]。

◆CSRF脆弱性対策

CSRF脆弱性対策としては、攻撃者が推察できない、ゆえに攻撃者によるHTTPリクエストに含めることのできない、サーバ・クライアント間の秘密の「トークン」をやりとりすることが必要になります[注9]。

サーバ側は、例えばトップページのHTTPレスポンスの中に、トークンを埋め込みます。クライアント側のアプリケーションは、このトークンを、HTTPリクエストに含めます[注10]。

攻撃者のJavaScriptコードは、任意のWebサイトに対するHTTPリクエストを発行できますが、「同一生成元ポリシー」と呼ばれる仕組みにより、そうしたHTTPレスポンスを読み取ることができません。すなわち、攻撃者はトークンを知ることができないので、「有効な」HTTPリクエストを発行できなくなるのです[注11]。

近年は、ドメインをまたぐHTTPアクセスの制御方法が一般化されているので（CORS）、最新のブラウザを用いている限りは発生しません。ですが、みなさんの作成したWebアプリケーションのユーザがCORS非対応の「古い」ブラウザを利用することは止められません。こうしたブラウザで、勝手にHTTPリクエストを送るプログラムが実行された場合、本書のWebアプリケーションはそれを受け入れてしまいます。

注8) ログイン機能がCSRF対策にならないということの解説であり、セッションidによるセッション管理の有無もCSRFの本質とは関係ありません。

注9) パスワードと同じで、第三者が知らない情報を、正規プログラムからのリクエストであることの認証に使います。

注10) この操作には、必ずしもJavaScriptは必要ではありません。JavaScriptを使わない場合には、サーバが<form>要素の中の<input type="hidden">要素のvalue属性としてトークンを埋め込んでおきます。そうすると、クライアント側は「送信」ボタンによってトークンが含まれたHTTPリクエストが発行できます。

注11) クッキーに埋め込まれる場合も、ブラウザが自動的にクッキーを送信しますが、攻撃者はクッキーの内容を読み取ることはできません。ただし、XSS脆弱性など、別の脆弱性によって攻撃対象のWebページに直接スクリプトが埋め込まれた場合はその限りではありません。

15-3-2 ◉ CSRFトークンでの認証

では、Tiny Todo ListにCSRF対策を組み込んでみましょう。

CSRFトークンによる認証は、サーバ・クライアント、両者の協力によって成り立ちます。

◆ サーバ側でのCSRF認証の有効化

まずはサーバ側でCSRFトークンを有効にします。サーバ側のCSRFトークン発行はすぐできます。

エディタで「15hr/server/app_config.json」ファイルを開いて、

```
"csrf_token": false
```

を

```
"csrf_token": true
```

と書き換えます。

次に、サーバを再起動します。これでサーバ側がPOST、PUT、DELETEメソッドなどのリクエストに対して、CSRFトークンの有無をチェックするようになります。有効なCSRFトークンの無いリクエストはエラーとして拒否します。

この時点では、Tiny Todo Listのクライアント側はまだ何の変更も加えていません。つまり、クライアント側もCSRFトークンをリクエストに送信していません。そのため、予定の新規追加など、予定の一切の変更ができなくなってしまいました[注12]。

注12) **12時間目**で書いたテストもことごとく失敗します。試してみましょう。

Column　CSRF対策とHTTPメソッド

　CSRFトークンおよび認証設定をONにすると、予定の追加・変更操作ができなくなってしまいました。一方で、トップページで予定の一覧表示は正常に動作します。
　この仕組みを理解するため、app_config.jsonのdebug_logを一時的にtrueに変更して、Tiny Todo Listサーバを再起動します。
　トップページにアクセスすると、以下のようなログが表示されます。

```
GET / 200 11.356 ms - -
GET /css/todolist.css 200 2.580 ms - -
GET /js/data/todo.js 200 1.089 ms - -
GET /js/dom/new-todo.js 200 0.924 ms - -
GET /js/dom/todos.js 200 0.656 ms - -
GET /js/main.js 200 0.778 ms - -
19 Oct 12:20:12 - [JsonDB] DataBase /home/guest/todo.js/data/todo.json loaded.
GET /api/todo/all 200 2.731 ms - -
```

　ステータスコードは200（OK）の代わりに304（Not Modified; 未更新）かもしれません。
　HTTPメソッドには、GETのように、サーバの状態を変更しない（してはいけない）メソッドと、POST、PUT、DELETEのようにサーバの状態を変更するメソッドが定義されています。CSRF対策によって認証の対象となるのは、POST、PUT、DELETEなど、状態を変更するメソッドです。例えば、予定の登録を行うと、以下のように403（Forbidden; 禁止）のエラーレスポンスが返却されることがわかります。

```
POST /api/todo/new 403 49.100 ms - 65
```

Part 2 実践編 ソフトウェア開発とテスト

◆ サーバ側でのCSRFトークンの付与

Tiny Todo Listが正常に動作し、かつCSRF対策がなされている状態に修正します。まずは、サーバ側から、CSRFトークンを発行するようにします。

サーバ側のHTMLは、**11時間目**までの開発に用いたpublic/todolist.htmlではなく、views/todolist.ejsに記述されています。

views/todolist.ejsを開き、<header>要素の最後（<h1>要素の直後）に、以下の1行を追加します[注13]。

```
<input type="hidden" id="csrf-token" class="csrf-token" value="<%= csrfToken %>">
```

サーバを再起動して、トップページを開きます。ブラウザで Ctrl + U キーを押してページのコードを表示させてください。todolist.ejsで追加した<input>要素のvalue属性が以下のようにCSRFトークンに置き換わります。

```
<input type="hidden" id="csrf-token" class="csrf-token" value="HequIJTq-WfYTvv35ZD-qB2SuxLGI-QiCAmQ">
```

◆ クライアント側でのCSRFトークンの利用

このトークンをJavaScript側で読み取って、サーバ側に送り返します。public/js/data/todo.jsを開いて、http()関数を**リスト15.5**のように編集します。

リスト15.5 CSRFトークンを付与してサーバに通信を行う改変版http()関数

```
function http(method, url, data) {
  return new Promise(function(resolve, reject) {
    var xhr = new XMLHttpRequest();
    xhr.onload = function() {
      var result = xhr.responseText ? JSON.parse(xhr.responseText) :
```

（次ページに続く）

注13）本書のとおりに編集した場合、同一物になります。

（前ページの続き）

```
        undefined;
            if (xhr.status === 200) {
              resolve(result);
            } else {
              reject(result || xhr.statusText);
            }
        };
        xhr.onerror = function() {
          reject(xhr.statusText);
        };
        xhr.open(method, url);
        xhr.setRequestHeader('Content-Type', 'application/json;charset=UTF-8');
        var csrfToken = document.getElementById('csrf-token').value;
        xhr.setRequestHeader('X-CSRF-Token', csrfToken);
        xhr.send(JSON.stringify(data));
      });
    }
```

　ここでは、サーバからHTMLの<input>要素に埋め込まれたCSRFトークンを、リクエストのX-CSRF-Tokenヘッダに埋め込んでいます[注14]。

　これでTiny Todo Listは正しく動作するはずです。**12時間目**で作成した自動テストを実行し、すべてのテストが成功することを確認してみましょう。

注14） どのような方法でCSRFトークンを埋め込むべきかは、CSRF対策ライブラリの仕様に依存します。

Column: CSRFと同一生成元ポリシー

本書で解説したCSRF対策は、「同一生成元ポリシー (Same-Origin Policy; SOP)」という原則を利用しています。これは、第三者のスクリプトは、HTTPレスポンスの内容を読み取れないという、ブラウザのセキュリティ機能を指します。

生成元というのは、スキーム (HTTPかHTTPSか)、ホスト、ポート番号の組み合わせを指します。

Tiny Todo Listの生成元は、http://localhost:3000となります。http://localhost:3000から発行された (読み込んだ)、Tiny Todo Listのスクリプトは、同一生成元であるhttp://localhost:3000に対するHTTPアクセスを自由に行えます。

一方、別生成元から読み込んだ第三者のスクリプトは (例えばcsrf.htmlに附属したスクリプト)、http://localhost:3000に対するHTTPリクエストそのものは発行できますが、そのレスポンスを読み取れなくなります。従って、第三者のスクリプトは、それがブラウザ上で動作するスクリプトである限りは、トップページのHTML (これもHTTPレスポンスに含まれます) に挿入されたCSRFトークンをどうやっても読み取れません。

本書のCSRF対策は、一般的なWebアプリケーションにおける、ログインユーザでのなりすまし操作を防げます。

CSRFトークンは、一般的には、ユーザの一連の操作を識別する「セッション」とペアになって動作します。発行されたCSRFトークンはセッションを識別する「セッションid」に紐付いて管理されます。

セッションidは、一般的にはクッキーの中に格納されます。クッキーはHTTPの接続先ごとに、ブラウザによって自動的に送受信されます。そのため、第三者が何らかの方法で (例えば罠Webページを表示させる) スクリプトを実行した場合、そのスクリプトの発行するHTTPリクエストには、正規のリクエストと区別できないセッションidが含まれてしまいます。

ログインユーザでのなりすましには、セッションid (もしくはユーザid、パスワードの組) とCSRFトークンが必要になります。セッションidはブラウザが適切に管理しているため、本書の対策を行うと、セッションidに紐づくCSRFトークンの入手ができなくなるのです。

一方で、ブラウザと同じような動作を行うプログラム (HTTPクライアント) を、コンピュータウィルスとして攻撃対象者のPCに設置した場合、そのプログラムはWebアプリケーションに対して、新しいセッションを開始できます。ログイン画面などの認証機能を持たないWebアプリケーションの場合は、新しいセッションを用いて、Webアプリケーションの操作が可能になります。

ログイン機能を持たないWebアプリケーションの場合は、例えば、「CAPTCHA」などの方法を用いて、人による操作が必要となる仕組みが別途必要になります。

確認テスト

Q1 HTML5の登場により、さまざまなXSS手法が編み出されています。それらの事例について「XSS 事例」などのキーワードで検索してその内容を調べてみましょう。

Q2 14時間目の確認テストにおいて、「HTML文字列は$('<p>段落</p>')のようにすると、jQueryオブジェクトに変換できます」と書きました。一般的に、JavaScriptで動的に組み立てたHTML文字列を DOM/jQueryオブジェクトに変換するのは、脆弱性の原因になります。14時間目の確認テストの場合は、XSS脆弱性は発生しうるでしょうか。発生しないのだとしたらそれは何故なのでしょうか。

Q3 CSRFに対する以下の対策方法は間違っています。それはなぜでしょうか。

- サーバに対して変更を及ぼす可能性のある操作を行う前に、必ず確認画面を挟むようにすると、第三者は確認画面を取得できないので、CSRF攻撃は不可能である。

- Tiny Todo List はログイン機能が無いので第三者が勝手に投稿できる可能性があるが、ログイン機能のついたWebアプリケーションでは、第三者はアプリケーションにログインできないので、CSRF攻撃は不可能である。

索引

記号

!	50
!==	48
"	40
'	40
`	41, 240
$	337
${}	42
%	45
&&	50
*	45
*=	47
+	45
++	47
+=	47
-	45
--	47
-=	47
/	45
/=	47
1行コメント	30
<	48
<=	48
=	36
>	48
>=	48
?	76
[]	95
{}	106, 154
||	50
✎（鉛筆記号）	185, 219

A

add ()	215
accessorプロパティ	127
addEventListener ()	225, 230, 287, 352
Ajax	250
alert ()	166, 259
all () (Promise.all ())	249
AngularJS	358
append ()	340
appendChild ()	214, 219, 340
apply ()	167
Atom（エディタ）	18, 182, 225
attr ()	346
a要素	177

B

Backbone.js	359
background	200
body要素	177, 181
Boolean	52
border	200
break	66, 71
Browserify	148
br要素	175
button要素	209, 355

C

call ()	167
camelCase	35, 79
case	66
catch	273, 277
catch ()	247, 259
changeイベント	239
charset属性	181
checked属性	215
Chrome	25
class	162
classList	214, 218
classセレクタ	193
class属性	179, 201, 211, 214, 239
close ()	166
closest ()	343
color	200
CommonJS	146
confirm ()	166, 231
Console	25
console	164

索引

const	106
constructor	162
contains ()	215
contentEditable	232, 345
continue	74
Controller	357
CORS	370
createElement ()	213, 218
CRUD	253
CSRF	369
CSS	187
CSSセレクタ	199

D

data ()	347
data-属性	234, 347
default	66
DELETE	254, 371
delete	39
DOCTYPE宣言	180
document	211, 214
DOM	211, 264, 336, 352, 354
DOMContentLoadedイベント	263, 352

E

ECMAScript	23
Error	271
error ()	164
event	227, 230
export	148

F

falsy	310
filter ()	120
finally	275, 277
find ()	344
first-child	198
focus	198
focus ()	349
font-size	200
font-style	200
footer要素	197
for文	67
forEach ()	120

form要素	370
freeze ()	125

G

GET	250, 254
get	127
getAttribute ()	215
Google Chrome	25
Google Closure Library	356

H

h1要素	177, 181
hasClass ()	353
HashMap	108
head要素	177, 180
height	200
hover	198
href属性	178
HTML	171
HTML5	172, 178, 232
htmlFor	218
HTML文字	179, 310, 358
html要素	177, 180
HTML要素	172, 211, 228
HTTP	242, 369

I

id	214, 218
idセレクタ	193
id属性	178, 214
if	58
if〜else	60
if〜else if	62
import	148
indexOf ()	100
info ()	164
innerText	335
input要素	210, 213, 215

J

Jasmine	312
Java	24
JavaScript	23

join ()	100
jQuery	334
JSON	240, 252
JSON文字列	242

K

keyCode	227
keydownイベント	226

L

label要素	213
last-child	198
lastIndexOf ()	101
length	97
let	35
link要素	201
li要素	177, 181, 211
log ()	164

M

Map	108
map ()	120
margin	200
message	274
meta要素	181
Model	357
module.exports	146
moveBy ()	166
moveTo ()	166
MVC	357

N

NaN	52
new	157, 271
Nightwatch.js	313
Node.js	147
nth-child	198
Number	52

O

on ()	351
open ()	166

P

parse ()	242
PascalCase	157
polyfill	246, 357
POST	250, 254, 371
preventDefault ()	229, 238
private	157
privateプロパティ	157
privateメソッド	157
Promise	246, 251, 283
prompt ()	166
prop ()	344, 353
prototype	156, 159
public	157
publicプロパティ	157
publicメソッド	157
push ()	96
PUT	254, 371
p要素	172, 181

Q

querySelector ()	211, 220, 337
querySelectorAll ()	211

R

React.js	360
ready ()	352
reduce ()	121
remove ()	215, 231, 350
require ()	146, 148
RequireJS	145
resizeBy ()	166
resizeTo ()	166
RESTful Web API	253
return	92, 94, 277

S

script要素	226, 258, 368
Selenium	313, 333
set	127
setAttribute ()	215
setTimeout ()	279, 368

索引

shim 246
splice () 97
stack 274
stopPropagation () 229
Strictモード 33
String 52
stringify () 242
switch 236
switch 文 66

T

Tail Calls 135
target 230
text () 344
text-align 200
textContent 214, 218, 334, 344, 365
then () 247, 259
this 152, 167
throw 271, 272, 277
time () 164
timeEnd () 164
title要素 177, 180
toggle () 215
toggleClass () 349
toString () 99
trace () 165
truthy 310
try 273, 275, 277
type 215, 218
TypeError 271
typeof 51
typeof演算子 51
type属性 215

U

ul要素 177, 181, 210, 230
undefined 44, 93
URL 253, 256
use strict 33

V

val () 338
value 215, 218
value属性 215

var 35
View 357

W・X

warn () 164
Web Components 357
WebDriver 313
Webアプリケーション 170
which 227
while文 69
width 200
window 165, 227
window.innerWidth 57
XMLHttpRequest 250
XSS 363

あ行

後処理 276
アルゴリズム 21
アロー関数式 115
異常系 268, 283
イベント 225, 283
イベントハンドラ 226, 229, 243
インスタンス 157
インデックス 96, 98
インデント 59
エスケープ 179, 310, 358, 367
演算子の優先順位 54
オブジェクト 150, 154
オブジェクトリテラル 107, 125

か行

ガード 283
改行 (HTML) 173, 175
改行コード 317
開始タグ 172
開発フェーズ 295
返り値 88, 92
カスタム属性 234
仮想DOM 359
かつ (セレクタ) 196
カバレッジ 299
空文字 40
空要素 174

関数	79, 111, 129
関数式	113, 116
関数名	79, 116
規則集合	189
擬似クラスセレクタ	197
キャスト	52
キャプチャリングフェーズ	228
境界値分析	308, 310
クッキー	369
クラス	162
クロージャ	138
グローバル変数	38
結合テスト	303, 306
コーディングルール	32
コード	32
コールバック地獄	244
コールバック関数	243, 247, 281
子供セレクタ	195
コメント	30
コンポーネント	355

さ行

サーバ	243, 264
再帰	132
算術演算子	45
式	42
子孫セレクタ	194, 199
自動化（テスト）	296
シナリオ	325
終了タグ	172
条件演算子	76
条件網羅	301
真偽値型	42
数値型	40
スコープ	38, 85, 117, 134
スタックトレース	165, 272, 274
ステータスコード	372
正常系	268
セッションid	369
セッションハイジャック	367
セミコロン自動挿入	94
セレクタ	189, 212, 316
ソースコード	32
添え字	96
属性	178
ソフトウェアテスト	293

た行

ダイアログ	28
代入	36
代入演算子	36, 46
代表値	307
短絡評価	50, 142
単項演算子	50
単項式	43
単体テスト	302, 306
端末	265
逐次	56
定数	105, 125
データベース	320, 325
データ構造	21, 109, 128
デシジョンテーブル	311
テスト	293
テストケース	298, 307, 313, 321, 325, 333
テストスイート	325
テストフィクスチャ	320
テスト・ダブル	303
デフォルト引数	83
デフォルト挙動	229, 332
デベロッパーツール	25
テンプレートエンジン	358, 360, 368
伝播	228, 229
伝播モデル	228
同一生成元ポリシー	375
同値クラス	307
同値グループ	310
同値分割	307
同値分析	310
トークン	370, 371

な行

内部関数	137
内容（HTML要素）	172
名前空間	140, 216, 256, 355
二項演算子	50

は行

ハイパーリンク	177
倍精度浮動小数点数	41
配列	95

索引

バグ 294, 324
パス網羅 300
ハッシュ 108
ハッシュ値 108
ハッシュ関数 108
バブリングフェーズ 228
反復 67
比較演算子 48
引数 81
非同期処理 242, 258, 281, 322
フォーム 251
ブラウザ 23
ブラックボックステスト 306, 313
振る舞い 312
ブレークポイント 290
ブロックコメント 30
プログラミング言語 22
プログラム 20
プロパティ 153
分割代入 249
分岐 58
分岐網羅 300
並列 245
変数 34
ポップアップ 28
ホワイトボックステスト 306, 313

ま行

または（セレクタ）........................ 195, 199
無限ループ 71, 133
無名関数 114
命令網羅 300
メソッド 153
メソッド（HTTP）........... 250, 253, 256, 372
網羅性 299, 306
文字エンコーディング 181
文字列型 40
モジュール 145
モック 303

や行

優先順位（セレクタ）........................... 198
要素名セレクタ 192, 199
予約語 35

ら行

リクエスト 369
リソース 253
リフロー 359
リペイント 359
例外 268
例外オブジェクト 248, 271, 281
レスポンス 370
連想配列 106, 154
ログ 266
論理演算子 50

おわりに

　改めて本書の内容を見返してみると、限られた紙面の中にこれでもかというくらい詰め込んだものになっていました。

　JavaScriptは、良くも悪くも突き抜けたプログラミング言語です。ブラウザのシェア争いの歴史の中で奇々怪々な仕様が積み重ねられた「罠だらけ」の言語です。ECMAScriptとして標準化された今でもそれは変わりません（むしろ標準化の過程で罠が生まれたとさえ言えましょう）。ですが改定を重ねるうちに、同時に実用性の高い言語へと大幅に進化したのです。

　それは近年、クライアントサイドだけではなくサーバサイド用の言語としてもJavaScriptが利用されることからも明らかでしょう。

　JavaScriptには、星の数ほどの「流儀」がありますが、本書はその中でも「異端」と言えます。罠をできる限り回避することを目標に、プログラムを「堅く作る」ことに特化しました。敷居の低さは一切捨てて、大規模なアプリケーションを開発するための入門を目指しました。生兵法は怪我のもとですから！

　技術というものは一朝一夕は身に付きません。ですが、一度地に足がついてしまえば怖いものはありません。本書がその一端を担えればこれ以上うれしいことはありません。

2016年10月末日

著者略歴

◆ 宮下 明弘（みやした あきひろ）

　「JSは人間の書く言語じゃない」って豪語していたのはいつのやら、sedやawkが難しくなったら次に考えるのがNode.jsというくらいにはJS沼にはまった研修系エンジニア。「->」と「=>」とを間違えて動かないものをリリースするお茶目さも。で、どっちがScript付く方だっけ？

◆ 工藤 雅人（くどう まさひこ）

　とうとう研修担当の人になるも、「人数が多いから自動チェックが大事ですよね？」と言ってプログラムを書いているエンジニア。構文解析タノシイ。本書の執筆はMarkdownで行われたため、Atomで書きはじめたものの、中盤以降はオープンソースで公開されたVisualStudioCodeへ移行。

◆**装丁**
小川 純（オガワデザイン）

◆**本文デザイン・DTP**
技術評論社　制作業務部

◆**編集**
原田崇靖

◆**サポートホームページ**
http://book.gihyo.jp

15時間でわかる JavaScript集中講座

2016年12月15日　初版　第1刷発行

著　者	宮下 明弘／工藤 雅人
発行者	片岡 巌
発行所	株式会社技術評論社 東京都新宿区市谷左内町21-13 電話　03-3513-6150　販売促進部 　　　03-3513-6160　書籍編集部
製本／印刷	図書印刷株式会社

定価はカバーに印刷してあります。

造本には細心の注意を払っておりますが、万一、乱丁（ページの乱れ）や落丁（ページの抜け）がございましたら、小社販売促進部までお送りください。送料小社負担にてお取り替えいたします。

本書の一部または全部を著作権法の定める範囲を超え、無断で複写、複製、転載、あるいはファイルに落とすことを禁じます。

© 2016　宮下明弘／工藤雅人

ISBN978-4-7741-8590-3　C3055
Printed in Japan

本書の内容に関するご質問は、下記の宛先までFAXまたは書面にてお送りください。お電話によるご質問、および本書に記載されている内容以外のご質問には、一切お答えできません。あらかじめご了承ください。

万一、添付DVD-ROMに破損などが発生した場合には、その添付DVD-ROMを下記までお送りください。トラブルを確認した上で、新しいものと交換させていただきます。

〒162-0846
東京都新宿区市谷左内町21-13
株式会社技術評論社
『15時間でわかる　JavaScript集中講座』質問係
FAX：03-3513-6167

なお、ご質問の際に記載いただいた個人情報は質問の返答以外の目的には使用いたしません。また、質問の返答後は速やかに破棄させていただきます。